设计手绘教学课堂

建筑设计
手绘表现技法

向慧芳　编著

清华大学出版社
北　京

内 容 简 介

本书以建筑设计表现为核心，结合建筑设计配景元素，建筑设计局部，建筑平面图、立面图、剖面图、鸟瞰图，建筑设计综合效果图手绘步骤解析，全面地诠释了建筑设计手绘的表现技巧。

本书实例丰富全面，步骤讲解详细，并对手绘的各部分重点知识进行了细节分析，具有很强的针对性和实用性，以便读者直接了解与学习手绘的表现技巧。

本书可作为高等院校、高职高专以及各大培训机构的环境艺术、城市规划、园林规划、室内设计与产品设计等相关专业的教材，也可作为建筑设计爱好者的参考用书。

图书在版编目（CIP）数据

建筑设计手绘表现技法 / 向慧芳编著. --北京：清华大学出版社，2016（2023.9 重印）
（设计手绘教学课堂）
ISBN 978-7-302-43832-8

Ⅰ. ①建… Ⅱ. ①向… Ⅲ. ①建筑设计—绘画技法 Ⅳ. ① TU204

中国版本图书馆CIP数据核字（2016）第101927号

责任编辑：秦　甲
封面设计：张丽莎
责任校对：周剑云
责任印制：何　芊

出版发行：清华大学出版社
　　网　　址：http://www.tup.com.cn，http://www.wqbook.com
　　地　　址：北京清华大学学研大厦A座　　**邮　　编**：100084
　　社 总 机：010- 83470000　　**邮　　购**：010-62786544
　　投稿与读者服务：010-62776969，c-service@tup.tsinghua.edu.cn
　　质 量 反 馈：010-62772015，zhiliang@tup.tsinghua.edu.cn
印 装 者：三河市龙大印装有限公司
经　　销：全国新华书店
开　　本：185mm×260mm　　**印　张**：17.25　　**字　　数**：331千字
版　　次：2016年7月第1版　　**印　次**：2023年9月第3次印刷
定　　价：65.00元

产品编号：066566-01

前言/Preface

关于建筑设计手绘表现技法

随着时代的发展与艺术设计的进步，设计手绘效果图越来越受到广大设计人员的青睐。建筑设计手绘表现是相关专业和从业者必备的基本技能之一，手绘在现代设计中有着不可替代的作用和意义。

本书编写的目的

编写本书的目的是使广大读者了解建筑设计手绘的表现技法和表现步骤，能够清楚地认识到如何把设计思维转化为表现手段，如何灵活、系统、形象地进行手绘表达。

读者定位

- 高校建筑设计、室内设计、园林景观、环境艺术设计等专业的在校学生马克笔手绘教材。
- 各培训机构马克笔手绘教材。
- 美术业余爱好者、马克笔手绘爱好者的自学教程。
- 装饰公司、房地产公司以及相关从业者的参考用书。

本书优势

全面的知识讲解

本书内容全面，案例丰富多彩，涉及知识涵盖面广，透视关系、画面构图、色彩知识、材质表现等都有讲解，并且案例表现从建筑设计配景，建筑设计局部，建筑设计平面图、立面图、剖面图和鸟瞰图手绘表现过渡到建筑等大空间的手绘表现。

丰富的案例实践教学

打破常规同类书籍的内容形式，本书更加注重实例的

练习，不仅包括植物、石块、水景、交通工具、人物等配景元素的表现，而且包括国内建筑、国外建筑等效果图的综合表现，采用手把手教学的方式来讲解马克笔手绘技法。

多样的技法表现

本书建筑手绘表现技法全面，既有针管笔建筑设计透视实践线稿练习，也有马克笔绘制建筑设计手绘效果图。

直观的教学视频

本书附赠超值的学习套餐，包括电子课件、教学视频。视频可通过读者QQ群免费下载，其内容与本书相辅相成，读者可以把图书和视频结合，提高学习效率。

本书作者

本书主要由向慧芳编写，并负责全书统稿。参加本书编写和资料整理的还有：李红萍、陈运炳、申玉秀、李红艺、李红术、陈云香、陈文香、陈军云、彭斌全、陈志民、林小群、刘清平、钟睦、刘里锋、朱海涛、廖博、喻文明、易盛、陈晶、张绍华、黄柯、何凯、黄华、陈文轶、杨少波、杨芳、刘有良等。

由于作者水平有限，书中难免存在疏漏之处，敬请广大读者批评、指正。

编　者

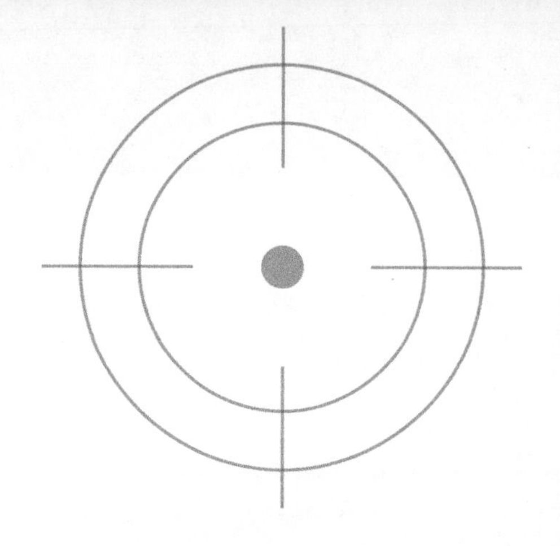

CONTENTS 目录

第1章 手绘概述与工具的选择

第2章 手绘基础线条与明暗关系的表现

第3章

手绘透视与构图原理

第4章

手绘色彩基础知识与材质表现

第5章

建筑配景手绘表现

第6章

建筑设计局部手绘表现

第7章

建筑设计平面图、立面图、剖面图及鸟瞰图

第8章

建筑设计综合手绘表现

第9章

作品赏析

在学习马克笔建筑设计手绘之前，要对手绘的理论基础知识进行了解，这也是学习手绘的必要准备。

第1章 手绘概述与工具的选择

1.1 建筑设计手绘的概念

简单而言，手绘作为一个广义的概念，是指依赖手工完成的一切绘画作品的过程。建筑设计手绘是建筑设计师必备的技能，设计师通过手绘的方式表现出自己的设计思想，将脑海中模糊的形象与概念，清楚地表达在纸上。建筑设计师也可以通过手绘向头脑中输入信息，这比读书、看图片的感受更加深刻。建筑设计手绘是培养设计师对形态分析理解和表现的好方法，也是培养设计师艺术修养和技巧行之有效的途径。

建筑设计手绘表现可以是单纯的绘图，也可以是利用笔来思考。一般初学者只需从单纯的绘图开始学习，一步步深入了解手绘的含义，可以先通过大量的图片临摹与写生，先培养内在的修养，然后再结合自己的思想进行思考，构思设计方案。

1.2 手绘效果图的表现类型

1.2.1 写生手绘效果图

手绘者在学习初期可以通过写生和临摹照片来练习手绘，通过写生和临摹理解景观空间形状与透视关系、明暗和光影关系之间的联系，提高处理整体画面黑白灰层次的对比、虚实对比的能力。

写生的过程中，手绘者一定要注意把握画面空间的主次关系，去繁从简，突出画面的主体，准确地表现出物体的主要特征，并对画面中的线条进行提炼。

1.2.2 设计方案草图

草图是设计师设计方案时对设计空间的最初感知、想法与最初设计思维的概括，存在着一些不确定的因素，不是设计师最终的设计想法。设计草图可以快速地让客户了解设计师的设计思路，从而使他们更好地进行沟通。

设计草图的特点是快而不乱，表达概括而清楚。学习设计手绘要养成勾画设计草图的习惯，这不仅能够使手绘者更好地掌握表现设计思路的手绘技巧，为设计者提供更多的创意灵感，还可以练习手绘线条，优美的线条更能体现设计师的艺术涵养。

1.2.3 表现性手绘效果图

绘制表现性手绘效果图是设计师手绘草图深化的一个过程，它能更加准确、真实、统一地表现设计师的设计方案。表现性手绘效果图确定了空间关系的形体、比例、基调、格局等，以独特的形式展示给客户看。这种手绘图形式与手绘者的绘画、设计水平有着直接联系，这就需要初学者对手绘知识与技能进行长期的学习和练习。

1.3 手绘表现的工具

手绘类的绘图工具和材料多种多样，基础工具包括笔类、纸类与其他辅助工具等。本节简单地介绍几种常用的工具。

1.3.1 笔类

笔是手绘中必不可少的工具，在设计手绘的表现技法中常用的有铅笔、钢笔、针管笔、中性笔、马克笔、彩色铅笔等。

1. 铅笔

铅笔是一种传统的绘画工具，在设计手绘中常用来绘制底稿，便于修改。铅笔一般分为软铅笔和硬铅笔，软铅笔的标注是B，硬铅笔的标注是H。仅用几支铅笔便能描绘出画面结构及光影变化，我们所说的素描便是利用了绘图铅笔的这种特性。

2. 钢笔

钢笔可分为普通钢笔和美工钢笔。钢笔的笔尖是钢笔最关键的部分，从粗到细有很多种变化。较细的笔尖可以用来绘制室内手绘的黑白线稿，较粗的笔尖可以用来添加线稿中简单的明暗关系。美工笔的笔尖是略微上翘的，可以用于特殊的绘画表现。钢笔需要灌注墨水，绘制的线条刚劲流畅，黑白对比强烈，画面效果细密紧凑，对所画事物既能精细入微地刻画，亦能进行高度的艺术概括。

3. 针管笔

针管笔的笔尖具有弹性，而且根据笔尖粗细的不同进行了分类。针管笔能画出很细的线条，画出来的线稿均匀细致。它在设计手绘中的运用较为广泛。一般所用的针管笔都是一次性的，不需要进行灌墨，使用方便。

4. 中性笔

中性笔的运用十分广泛，它在设计手绘中画出的线条粗细较均匀，活泼生动，是刻画物体细节的有力工具。中性笔使用方便，是初学手绘者练习的首选画笔之一。

铅笔

钢笔

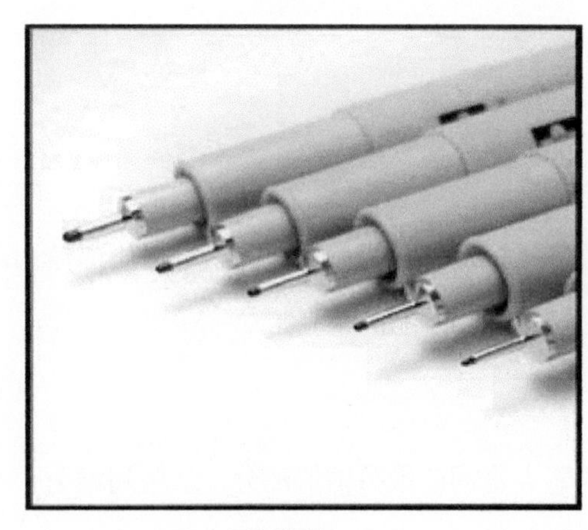

针管笔

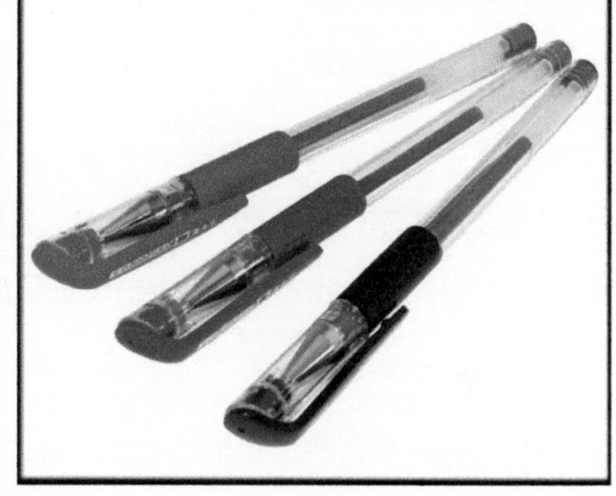

中性笔

5. **马克笔**

在建筑设计领域，马克笔是一种广泛运用的作图工具。它的优点在于使用方便，快速干燥，提高了作画速度。它的色泽清新、透明，笔触极富现代感，绘制的线条非常流畅，因此深受广大设计师的喜爱。

市面上的马克笔按性质可分为油性、水性、酒精性三种，它们各有各的特点，建筑设计手绘常用油性和水性两种。

1）油性马克笔

油性马克笔快干、耐水，而且耐光性相当好，它的笔触色彩柔和，颜色多次叠加不会伤纸，绘制的整体效果自然。它的缺点就是绘制速度过慢时会出现笔痕印记。

2）水性马克笔

水性马克笔颜色亮丽，有透明感，界限清晰，用沾水的笔在上面涂抹的话，效果与水彩很类似。它的缺点就是多次叠加后颜色会变灰，而且容易损伤纸面。

3）酒精性马克笔

酒精性马克笔可在任何光滑表面书写，速干、防水、环保，在设计领域得到了广泛应用。

马克笔的颜料属于易挥发颜料，画完之后记着盖笔盖。

在手绘表现中，马克笔的缺点是无法限定和保持清晰的边缘，不能完美地表达所有的材质。马克笔的色彩不宜调和，冷暖色彩切勿混淆，否则会使画面变脏。这里选择市面上性价比较高的一款 Touch 三代马克笔制作了一张 132 色色卡，供读者了解和参考。

1	2	3	4	5	6	7	8
9	11	13	14	15	16	17	18
19	21	22	23	24	25	27	28
31	33	34	36	37	38	41	42
43	45	46	47	48	49	50	51
52	53	54	55	56	57	58	59
61	62	63	64	65	66	67	68
71	75	76	77	82	83	84	85
86	87	88	89	91	93	94	95

96	97	99	100	102	103	104	107
121	122	123	124	125	132	134	136
137	138	139	140	141	142	143	144
145	146	147	163	164	166	167	169
171	172	175	179	183	185	198	BG1
BG3	BG5	BG7	CG1	CG2	CG3	CG4	CG5
CG6	CG7	CG8	GG1	GG3	GG5	WG1	WG2
WG3	WG4	WG5	WG6				

6．彩色铅笔

彩色铅笔是一种非常容易掌握的涂色工具，画出来的效果类似于铅笔。彩色铅笔的颜色多种多样，画出来的颜色效果比较清新简单，也容易用橡皮擦去。彩色铅笔种类很多，主要分为水溶性和非水溶性两种。普通的彩色铅笔不溶于水，着色力弱；水溶性彩色铅笔溶于水，着色力强，涂色后在其表面用清水轻轻涂抹会呈现出水彩画的意味。

在景观设计手绘中，我们既可以用普通的彩色铅笔绘制出铅笔的效果，也可以用水溶性彩色铅笔画出类似于水彩效果图的感觉。常用的彩色铅笔品牌有辉柏嘉、马可、施德楼等，这里选择市面上性价比较高的一款辉柏嘉彩色铅笔制作了一张 48 色色卡，供读者了解和参考。

404	407	409	452	414	483	487	478
476	480	470	472	473	467	463	462
466	461	457	449	443	451	453	445
447	454	444	437	435	434	433	439
432	430	429	427	426	425	421	419
418	416	492	499	496	448	495	404

1.3.2 纸类

建筑设计手绘对纸张的要求不高，复印纸、绘图纸、卡纸、硫酸纸都是常用的绘图用纸。但画纸对图画的效果影响很大，画面颜色彩度及细节肌理常常取决于纸的性能，利用这种差异可使用不同的画纸表现出不同的艺术效果。

1. **复印纸**

复印纸是勾画设计草图时最常用的，它表面比较光滑，价格也比较便宜，但绘制时不能多次叠加颜色。

2. **绘图纸**

绘图纸也是比较常用的，它质地细密，厚实，表面光滑，吸水能力差，适宜马克笔作画，更适宜墨线设计图，对于精细的手绘图表现较为适合。

3. **卡纸**

卡纸的种类就比较多，它有一定的底色，作画时要选择合适的纸张。

4. **硫酸纸**

硫酸纸表面光滑，耐水性差，由于其透明的特性，可以方便地拷贝底图，但纸张上色会比较灰淡，渐变效果难以绘制。

复印纸

绘图纸

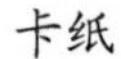

卡纸

硫酸纸

提示

手绘初期大家可以选用复印纸来练习，它的性价比较好，适用于设计手绘的练习。

1.3.3 其他工具

设计手绘表现的工具除了要用到上面介绍的材料之外，还有小刀、墨水、尺子、橡皮、高光笔、绘画板、工具箱等，这里就不再作详细的介绍了。

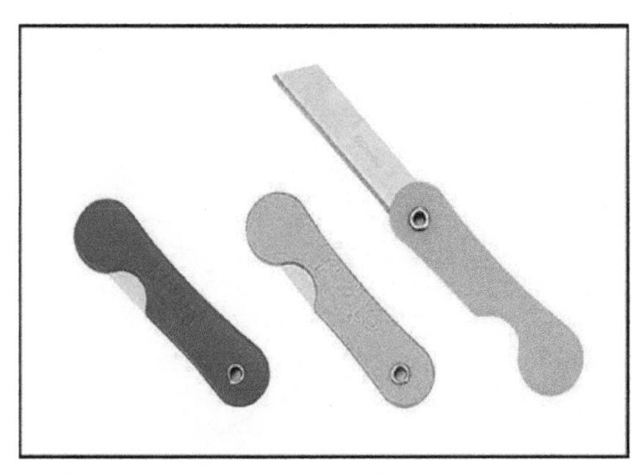

小刀

墨水

尺子

橡皮

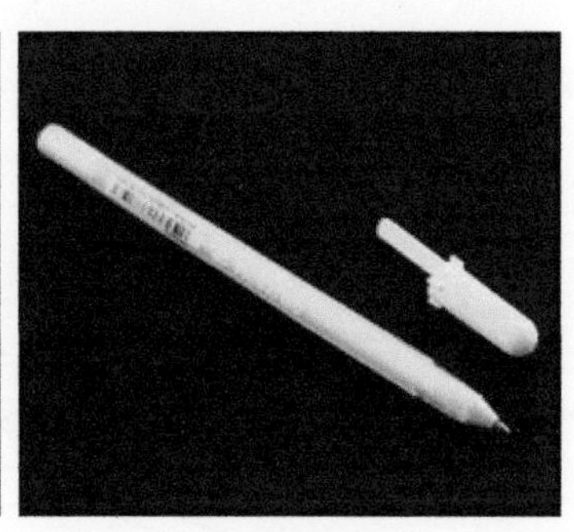

高光笔

1.4 手绘姿势

许多初学者在学习手绘的过程中不注意绘图的姿势，导致完成的图画画面脏乱等问题出现。初学者在一开始就要养成良好的作画习惯，正确的手绘姿势有利于初学者准确把握画面关系，有效地提高手绘表现能力。

1.4.1 握笔姿势

1. **正确的握笔姿势**

正确的握笔姿势是学好绘画的重要前提，手绘时的握笔姿势有几种，可以按常规握笔，也可以加大手与笔尖的距离悬起手腕握笔，还可以悬肘握笔。画线时尽量以手肘为支点，靠手臂运动来画线，手腕不要活动，这样可以控制线的稳定性。初学者可以循序渐进地适应并掌握握笔姿势，不做强制训练要求。

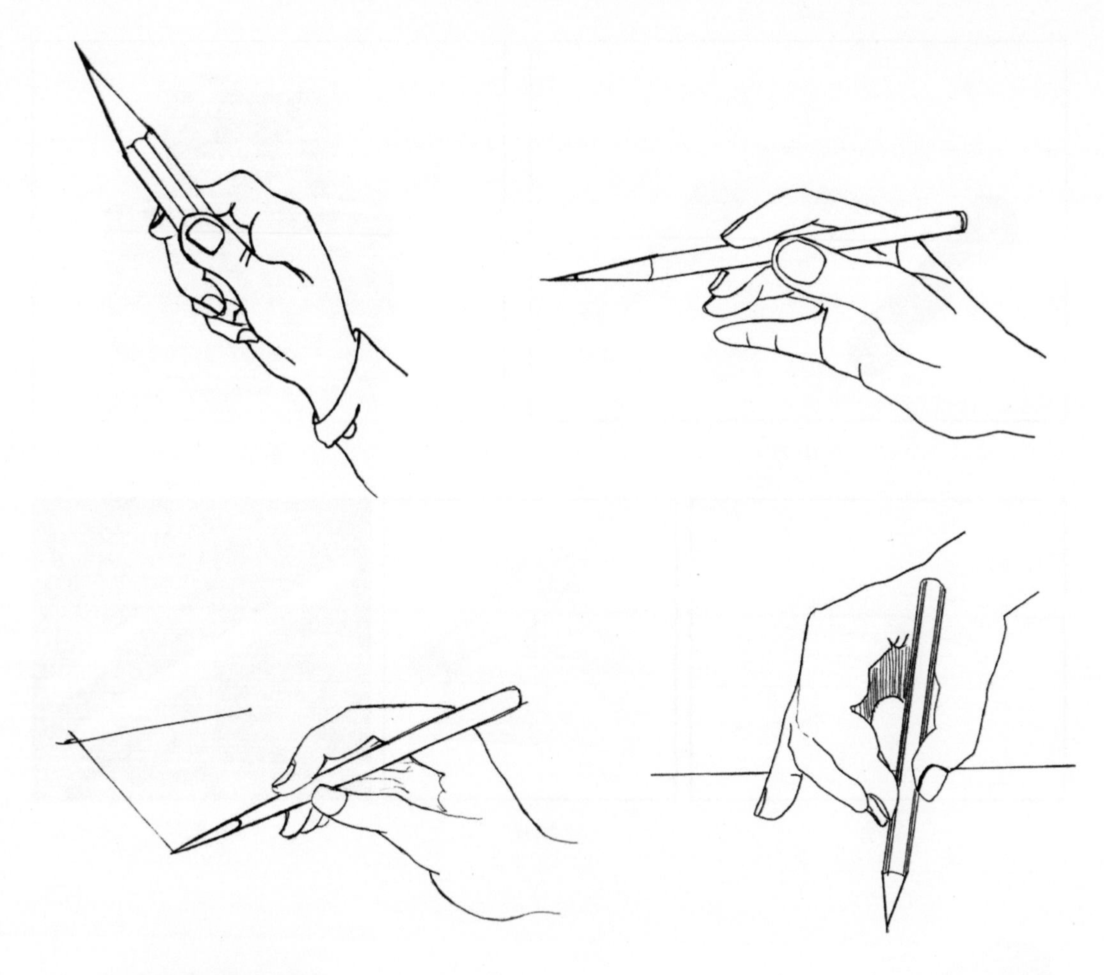

2．错误的握笔姿势

1）手掌侧面着纸

手掌侧面着纸是一种典型的错误握笔姿势，不仅不利于画线，也不利于保持画面的整洁。

2）女孩握笔姿势

女孩握笔也是常见的一种错误握笔姿势，这样的握笔方式在力度和角度上都非常不利于运笔，应特别注意改正这种握笔习惯。

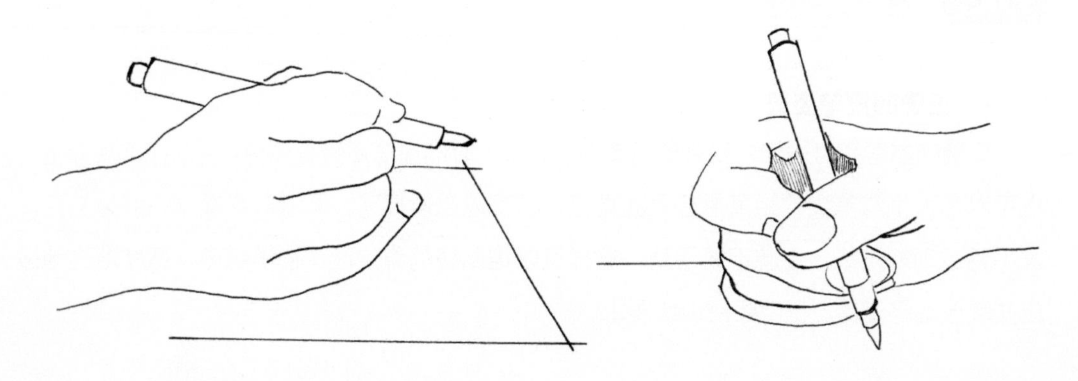

1.4.2 坐姿

坐姿也是影响画面效果的重要因素之一。绘图时如果不能保持正确的坐姿，就很难画出理想的线条，也不利于保护视力。正确的坐姿是绘制时头部与绘图纸保持中正，眼睛和画面的距离最好保持在30cm以上，目光观测整个画面，保持整体画面的平衡。如果条件允许，建议大家使用设计台。

正确坐姿　　　　错误坐姿

1.5 对初学者学习手绘的一些建议

初学者在刚刚接触手绘训练的时候，由于对专业知识不了解，会出现许多问题。有的初学者往往会以图画的漂亮与否来衡量手绘的好坏，以自己主观的判断去进行模糊的训练，这样的结果就是学了很长一段时间都没有起到应有的效果，会导致初学者失去学习手绘的兴趣。下面简单地提出几点建议，供读者参考。

1.5.1 打好线稿基础

许多初学者急于求成，为了尽快画出成品图，在线稿还没有画好的基础上就进行上色，最后画出的图画杂乱无章，内容不充实，不能展示设计的空间效果。要知道，一幅完美的手绘设计效果图，黑白线稿是图画的骨架，起着十分重要的作用。如果线稿没有绘制好，颜色自然也就上不好；如果线稿绘制得好，那么上色也就容易得多。因此初学者首先要练习线稿的绘制，在掌握线稿的绘制之后再学着色，会进步得更快。

下面的图画虽然没有上色，但是通过细致的线稿、准确的明暗关系基本可以表达出设计者的意图。

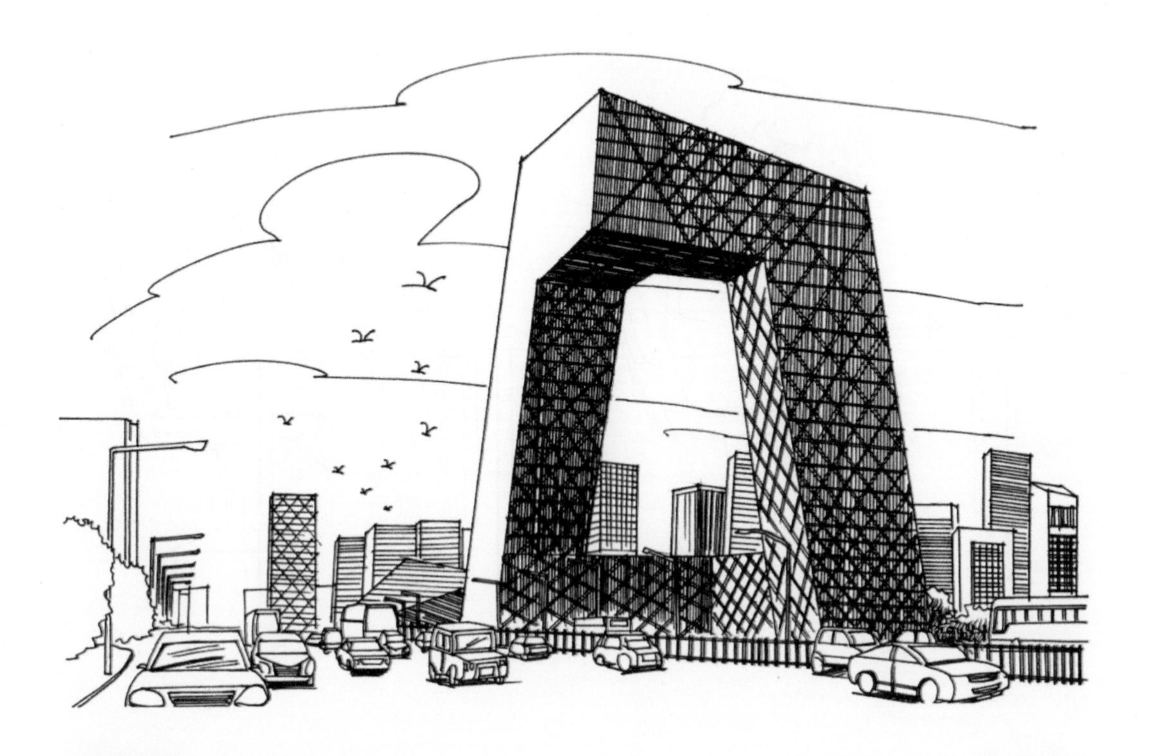

1.5.2 掌握上色技巧

在掌握线稿的基础上，着色技巧的掌握也是十分重要的。上色的练习从单体到单体的组合，再到空间局部、整体，由慢到快，认真地练习。初学者在学习手绘时，应当先从细致的效果图，也就是表现性效果图练起。通过表现精细的效果图，稳步提升对上色的熟练程度。

1.5.3 掌握快速表现技法

在掌握线稿与上色技巧之后，初学者就可以过渡到快速表现这一环节了。初学者在掌握细致的效果图表现之后，就可以化难为简，用快速表现的方法表现设计的重要组成部分。快速表现的线条一般比较快，无拘无束，用概念的手法表现整体空间，线稿上色用的时间也较短，只需对空间的氛围进行点缀渲染，不过多地刻画画面的细节。

手绘设计图中线条具有比形体更强的抽象感，同时还具有较强的动感、质感与速度感；手绘设计图中的明暗能够更真实地表现画面场景。因此，线条与明暗关系是手绘中最重要的部分，是手绘练习不可缺少的步骤。这一章我们主要讲解线条与明暗关系在建筑设计手绘中的表现。

第2章 手绘基础线条与明暗关系的表现

2.1 线条内涵与重要性

线条是建筑手绘表现的根本，是手绘中最基础、最重要的部分，学习手绘的第一课程都是练习线条，无论是徒手练习还是尺规练习。线条不仅仅是一种绘画技巧，也是设计手绘表现的基本语言和表现形式，我们在学习绘画之前就要对它进行了解，所以练习好线条是开始绘画的根本，是手绘中不可缺少的步骤。

2.2 线条的类型

在设计手绘表现中，线的表现形式有很多种，常见的几种形式有直线、曲线、弧线、抖线等，下面对这几种线条进行简单的介绍。

2.2.1 直线

直线是点在同一空间沿相同或相反方向运动的轨迹，其两端都没有端点，可以向两端无限延伸。在手绘中，我们画的直线有端点，类似于线段，这样画是为了线条的美观和体现虚实变化。直线的特点是笔直、刚硬，不容易打断。手绘表现中直线的“直”并不是说像尺子画出来的线条那样直，只要视觉上感觉相对的直就可以了。

1．手绘直线的特点

（1）整个线条两头重中间轻。

（2）可局部弯曲，整体方向较直。

（3）短线快速画，长线可分段画。

（4）线条相接，一定要出头，但不可太过。

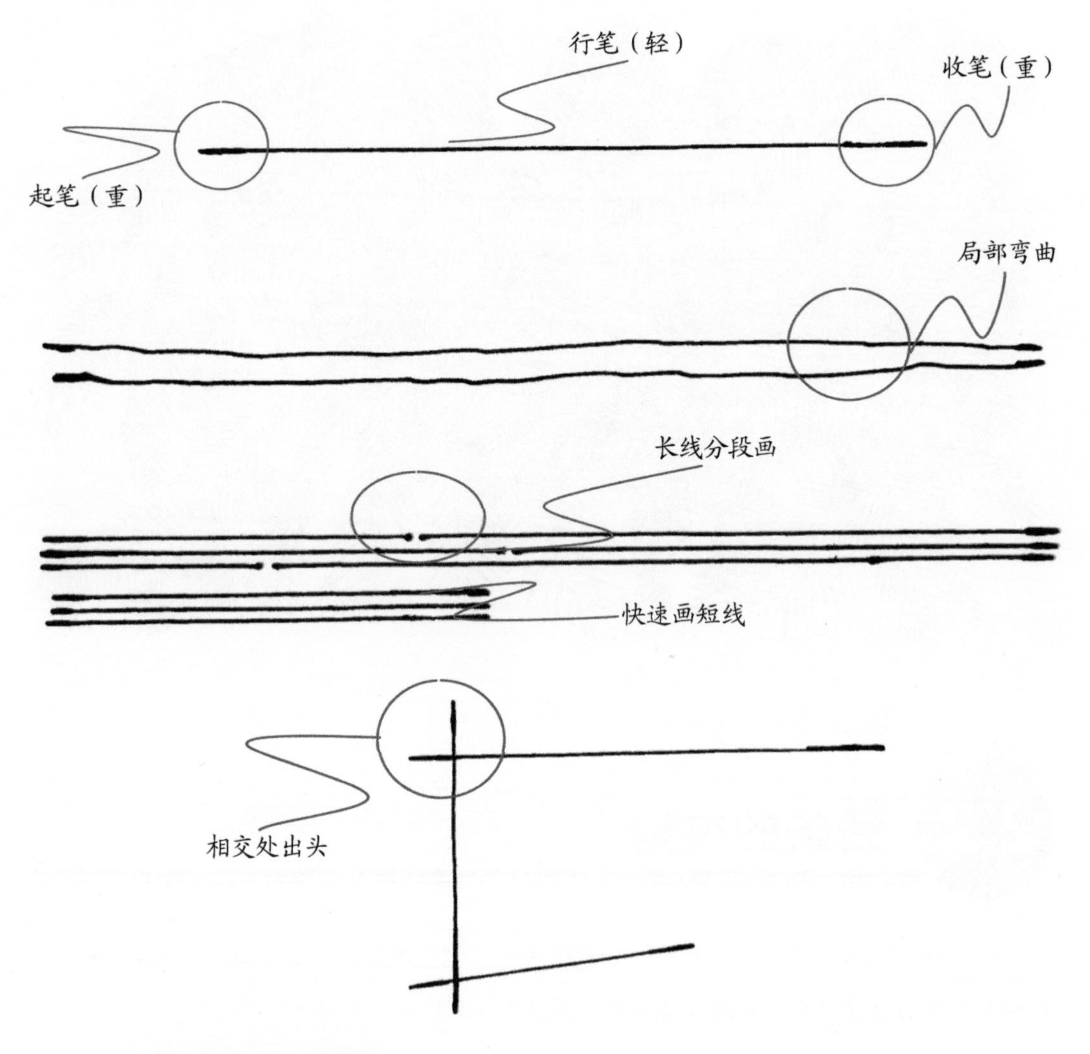

2．练习直线时的典型错误

（1）线条毛躁，反复描绘。

（2）过于急躁，线条收笔带勾。

（3）长线分段过多，线条很碎。

（4）线条交叉处不出头。

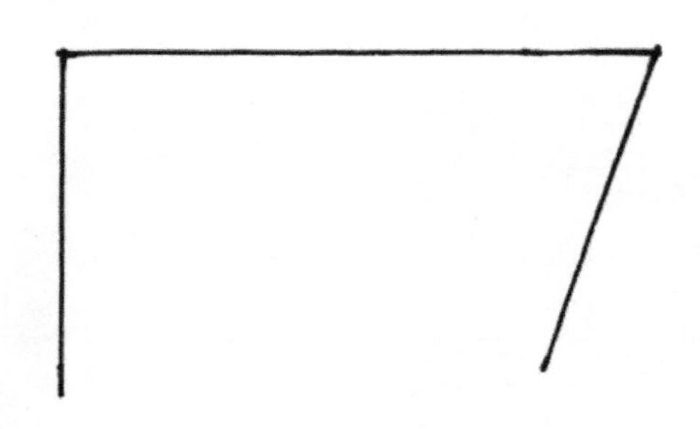

3．练习直线的方法

直线的绘制是手绘最基本的技能，直线的练习对提高线条的平衡感有很大的帮助，应反复练习竖线、横线和不同方向的直线，速度要快，忌断线，方法要正确，作业量要多。直线的表现有两种形式，一种是徒手绘制，另一种是尺规绘制。这两种表现形式可根据不同的情况进行选择。

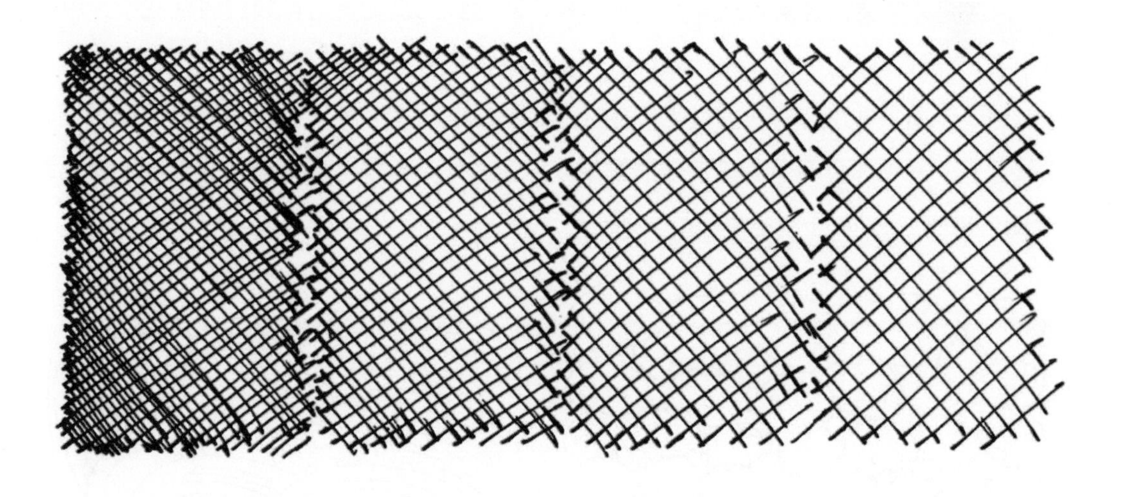

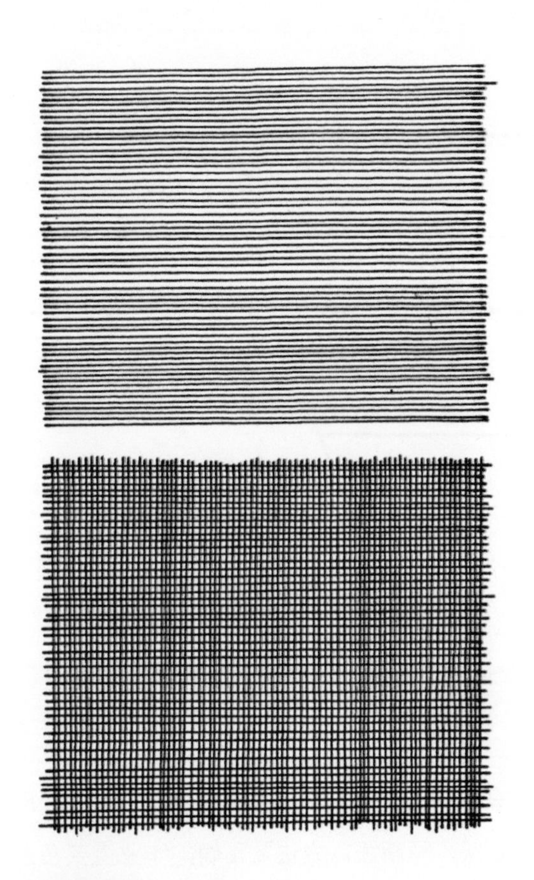

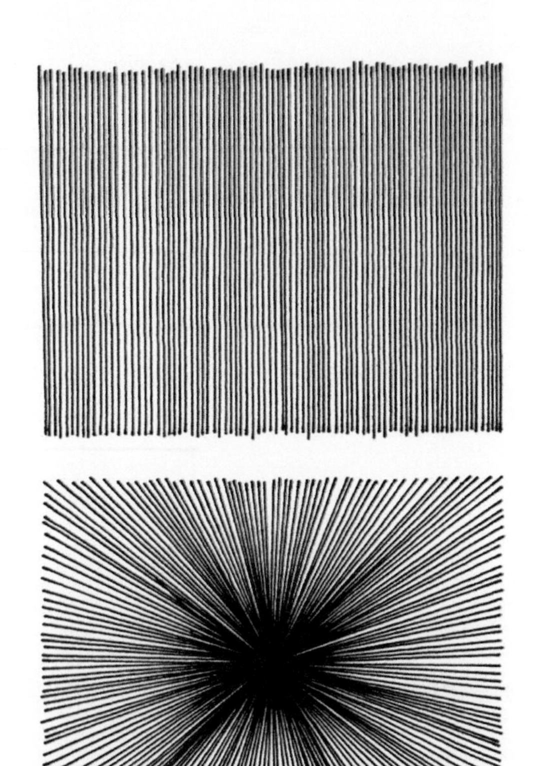

2.2.2 曲线

曲线是非常灵活且富有动感的一种线条，画曲线一定要灵活自如。曲线在手绘中也是很常用的线型，它体现了整个表现过程中活跃的因素。在运用曲线时一定要强调曲线的弹性、张力。在练习曲线的过程中应注意运笔的笔法，多练习中锋运笔、侧锋运笔、逆锋运笔，从中体会不同运笔带来的效果。练习曲线、折线时应把心情放松，才能达到行云流水的效果，赋予线条生动的灵活性。

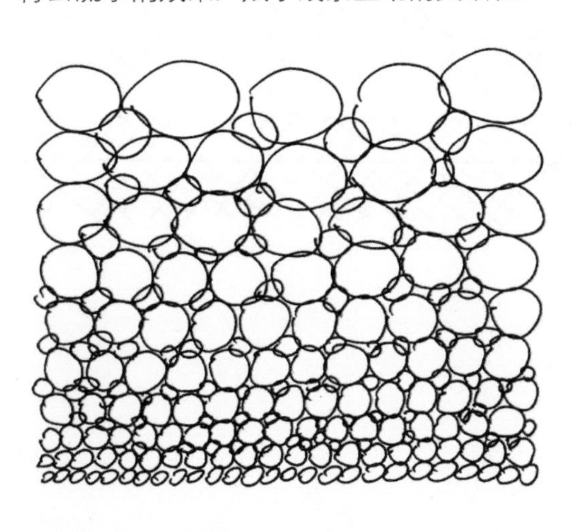

2.2.3 抖线

抖线是笔随着手的抖动而绘制的一种线条，其特点是变化丰富，机动灵活，生动活泼。抖线讲究的是自然流畅，即使断开也要从视觉上给人连续的感觉。

抖线可以排列得较为工整，通过抖线的有序排列可以形成各种不同疏密的面，并组成画面中的光影关系。抖线可以穿插于各种线条之中，与其他线型组织在一起构成空间的效果。

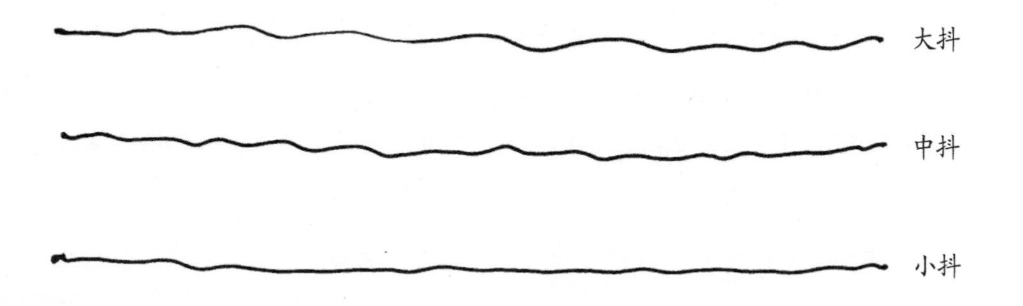

2.2.4 乱线

乱线也叫植物线，画线的时候尽量采取手指与手腕结合摆动的方式。植物线的表现方式有很多种，常见的有以下几种。

（1）“几”字形的线条用笔相对硬朗，常用于绘制前景树木的收边树。

（2）“U”字形的线条用笔比较随意，常用于绘制远景植物。

（3）“m”字形的线条用笔比较常见，常用于绘制平面树群。

（4）“针叶”字形的线条用笔要按树叶的肌理进行绘制，注意其连贯性与疏密性，常用于绘制前景收边树。

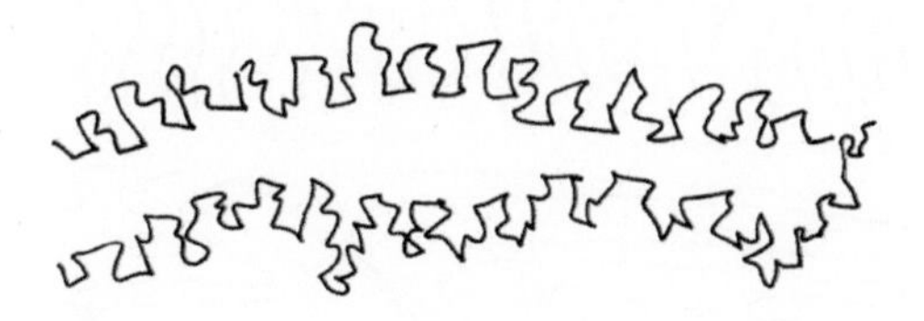

“几”字形线条

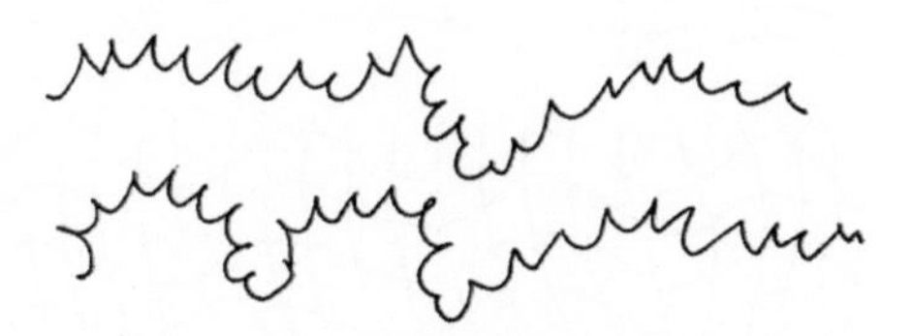

“U”字形线条

“m”字形线条

“针叶”字形线条

2.3 线条的练习

掌握线条的运用对初学者来说非常重要，这就要求初学者利用休闲的时间进行大量的练习，只有通过不断地反复练习，才能熟练掌握手中的绘图工具，做到运用自如，才能画好手绘图。简单来说，手绘效果图就是不同线条的组合，可以表现出不同的图案、纹理。

线条的练习需要持久的恒心，要找到有效的方法，让枯燥的线条练习变得很有趣。手绘中线条的练习方式有很多种，一般包括：写生、默写、临摹。线稿手绘的练习不同于铅笔素描，对初学者来说，线的灵活运用很难掌控。初学者可以根据自己的习惯与爱好有选择性地练习，也可以结合以下三种方式练习。

1. 写生

手绘写生不仅可以练习线条，还可以练习物体的抓形。运用流畅的线条把物体的形抓准了，就为手绘打好了基础，也为后面画好景观手绘效果图做了充分的准备。

2. **默写**

手绘写生练习的是手眼的协调能力，手绘默写可以锻炼绘画者对图画和景象的记忆能力和主动造型能力。超长的记忆能力是绘画者必备的素养之一，通过默写可以记住线条不同的画法与运用，对画好手绘效果图是有很大帮助的。

3. **临摹**

临摹可分为两种，被动临摹和主动临摹。被动临摹是可以把原稿丝毫不差地复制下来；主动临摹是从原稿中吸取精华，获取许多灵感和技法，达到学习的目的。在学习手绘的初级阶段，初学者可以主动临摹原稿，掌握线条的画法与运用技巧。

2.4 线条练习常见问题

线条练习对初学者来说非常重要，它决定了效果图的美观度。在大量练习手绘线条的过程中，要找到适合自己的方法和途径。在练习的过程中也要注意常见的一些问题，只有正确的练习方法才能提高初学者的手绘能力。

练习线条时常出现的问题如下。

1. **线条不整齐，草草了之**

在最开始的练习中，许多初学者因为急于求成心境没有稳定下来，从而不能脚踏实地地一笔一笔去画，画面的线条不整齐，使画面显得凌乱潦草。建议可以在一张废纸上先试着画一些自己喜欢的东西，慢慢地调整心情，待情绪稳定下来之后再开始作图。有些初学者因为反复练习但是迟迟达不到效果或者练习了很多却没有提高，心情烦躁，这时候也不能急躁，因为手绘是一个需要大量练习的技能，只要坚持就可以成功。

2. **线条断断续续，不流畅**

手绘过程中用线要自然流畅，用笔的速度不需要刻意去调整，通过大量的练习自然而然就会明白，哪里需要快速的线条、哪里需要缓慢的线条。

3. **线条反复描绘**

手绘表现和素描不同，素描可以通过反复描线来确定形体，而手绘则需要一次成型，特别忌讳反复描绘，这样会显得画面不肯定而且很脏。

4. **画面脏乱**

由于有的针管笔墨水干得比较慢，或者纸张受潮，不经意间可能会使墨水沾得到处都是，造成画面的脏乱。保持画面整洁和完整性是一个手绘初学者的基本素质，同时画面不整洁也会影响到自己的心情。

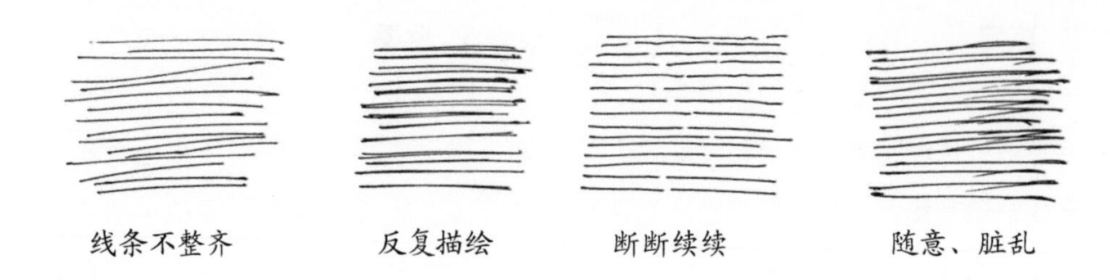

2.5 光影与明暗内涵

有光线的地方就会有阴影出现，两者是相互依存的。反之，我们可以根据阴影来寻找光源和光线的方向，从而表现一个物体的明暗调子。

首先要对对象的形体结构有正确认识和理解。因为光线可以改变影子的方向和大小，但是不能改变物体的形态、结构，物体并不是规则的几何体，所以各个面的朝向不同，色调、色差、明暗都会有变化。有了光影变化，手绘表现才有了多样性和偶然性。因此我们必须抓住形成物体结构的基本形状，即物体受光后出现受光部分和背光部分以及中间层次的灰色，也就是我们经常所说的三大面。亮面、暗面、灰面就是光影与明暗造型中的三大面，它是三维物体造型的基础。尽管如此，三大面在黑、白、灰关系上也不是一成不变的。亮面中也有最亮部和次亮部的区别，暗面中也有最暗部和次暗部的区别，而灰面中也有浅灰部和深灰部的区别。

光影、明暗的对比是形象构成的重要手段。光影、明暗关系是因光线的作用而形成，光影效果可以帮助人们感受对象的体积、质感和形状。在手绘效果图中，利用光影现象可以更真实地表现场景效果。

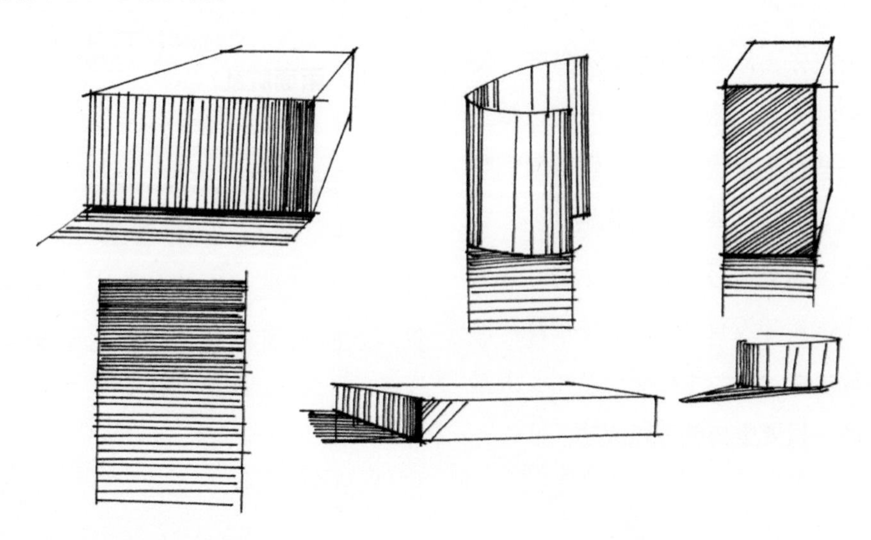

2.6 光影与明暗的表现形式

手绘图中光影与明暗的表现形式有线条表现、点与线条结合表现，画面光影与明暗的刻画可以让画面中的物体更具厚重感。

2.6.1 线条表现

手绘画面的色调可以用粗细、浓淡、疏密不同的线条来表现，绘画时应注意颜色的过渡。不同线条、不同方向的排列组合，给人不同的视觉感受。画面中的黑白是指画面颜色明度所构成的明度等级，并不是单指画面中的纯黑、纯白，而是相比较而言。因此，在绘画作品中的黑白是相对而言的。

线条表现光影与明暗的方法如下。

1. 单线排列

单线排列是画阴影时最常用的处理方法，从技法上来讲就是把线条排列整齐就可以了。注意线条的首尾咬合，物体的边缘线相交，线条之间的间距尽量均衡。

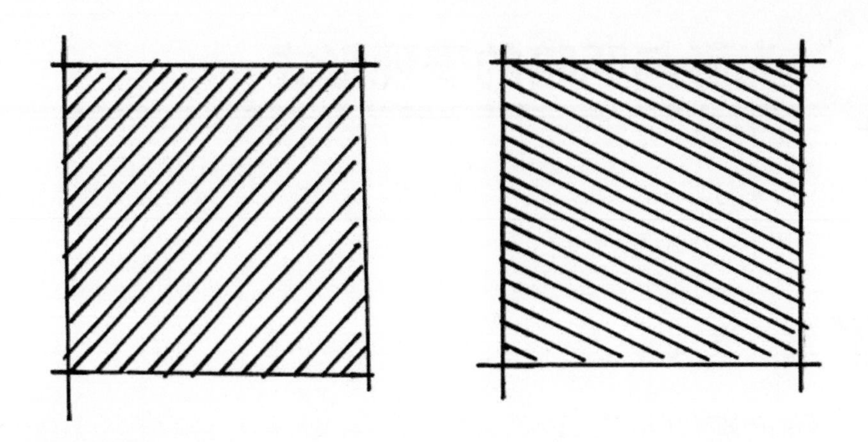

2. 线条组合排列

组合排列是在单线排列的基础上叠加另一层线条排列的结果，这种方法一般会在区分块面关系的时候用到，叠加的那层线条不要和第一层单线方向一致，而且线条的形式也要有所变化。

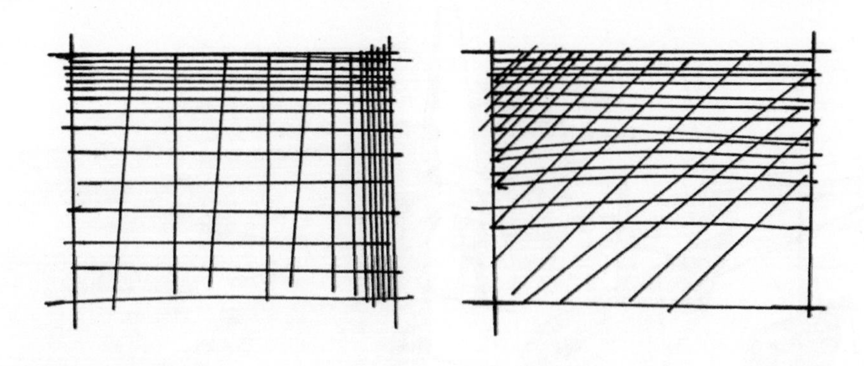

3. 线条随意排列

这里所说的随意，并不代表放纵的意思，而是线条在追求整体效果的同时应变得更加灵活一些。

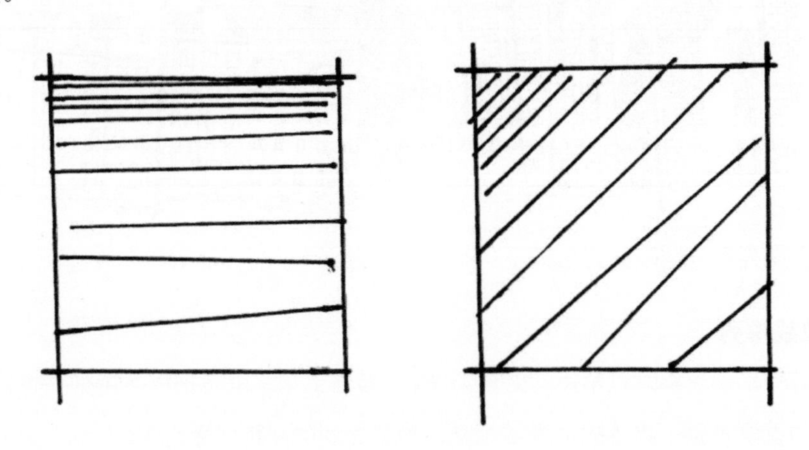

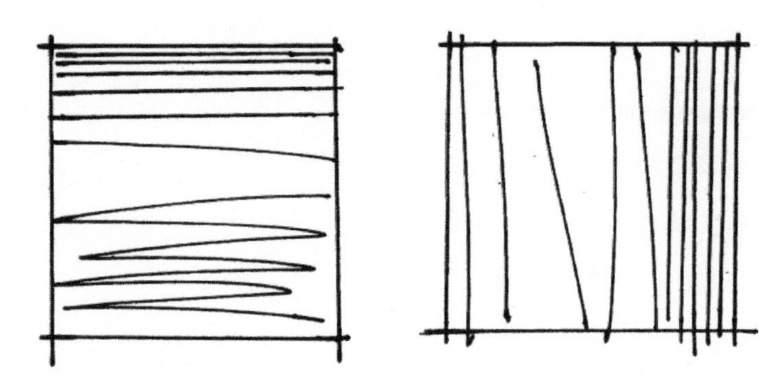

2.6.2 线与点的结合表现

在手绘表现中，点与线结合的表现也是一种常用的方式。手绘图中用点来表现光影有很好的效果，但是耗时比较长，用的频率也较少。而点画法配合线画法来表现画面的光影与明暗，通常可以达到事半功倍的效果。

2.7 课后练习

1. 绘制不同的图形。

2. 绘制简单的几何体。

本章主要讲解建筑设计手绘中需要了解的基本透视与构图原理，建筑设计手绘中我们常用到的透视与构图类型。除此之外，我们还详细地讲解了一些常见的问题，以帮助初学者更好地掌握手绘知识。

第3章 手绘透视与构图原理

3.1 透视的基本概念

透视是通过一层透明的平面去研究后面物体的视觉科学。“透视”一词来源于拉丁文“Perspclre”（看透），故有人解释为“透而视之”。最初研究透视是采取通过一块透明的平面去看静物的方法，将所见景物准确地描画在这块平面上，即成景物的透视图。后遂将在平面画幅上根据一定的原理，用线来表示物体的空间位置、轮廓和投影的科学称为透视学。

人的双眼是以不同的角度去看物体的，所以我们看物体时就会有近大远小、近明远暗、近实远虚，所有物体都会有往后紧缩的感觉，在无限远处物体交汇于一点，就是透视的消失点。透视对建筑手绘也是非常重要的，一幅手绘透视不准确，图画就是失败的。

透视中常用的术语如下。

（1）视点（S）：人眼睛所在的地方。

（2）站点（s）：人站立的位置，即视点在基面上的正投影。

（3）视平线（HL）：与人眼等高的一条水平线。

（4）主点（CV）：中视线与画面垂直相交的点。

（5）视距：视点到心点的垂直距离。

（6）视高（h）：视点到基面的距离。

（7）灭点（VP）：透视点的消失点。

（8）地平线：从平地向前看，远方的天地交界线。

（9）基面（GP）：景物的放置平面，一般指地面。

（10）视高（H）：视平线到基面的垂直距离。

（11）画面（PP）：用来表现物体的媒介面，垂直于地面，平行于观者。

（12）基线（GL）：基面与画面的交线。

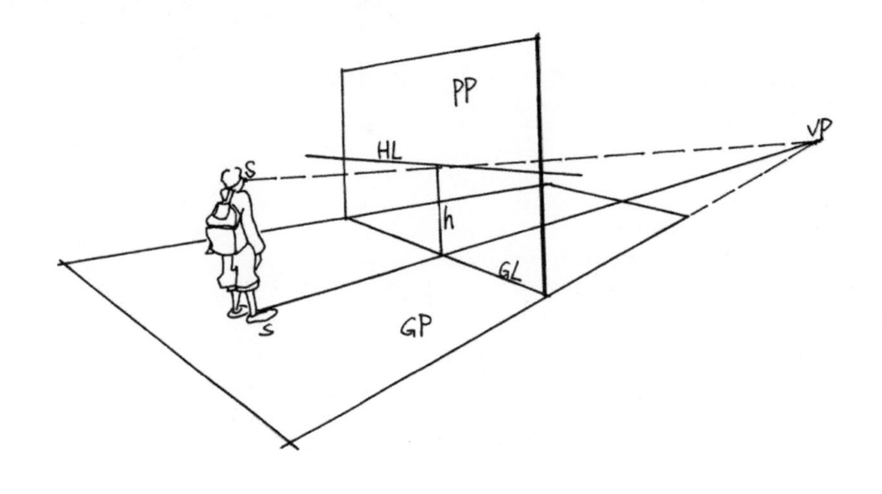

3.2 透视类型

透视是客观物象在空间中的一种视觉现象，包括平行透视（一点透视）、成角透视（两点透视）、倾斜透视（三点透视）和散点透视（多点透视）。

3.2.1 平行透视

定义：平行透视即一点透视。假如把任何复杂的物体都归纳为一个立方体，平行透视就是说立方体在一个水平面上，画面与立方体的一个面平行，只有一个灭点（消失点），简单的理解就是物体有一面正对着我们的眼睛。

特点：只有一个消失点，平行透视具有很强的纵深感，表现的画面看起来比较稳重、严肃、庄重。

提示

平行透视要注意心点的选择，稍稍偏移画面中心点1/3～1/4为宜。否则画面容易呆板，形成对称构图。

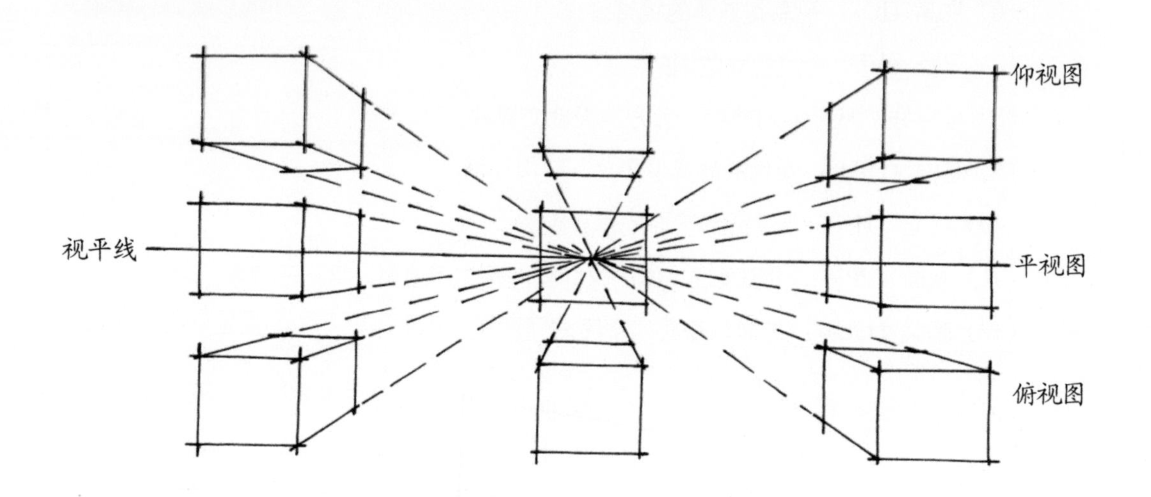

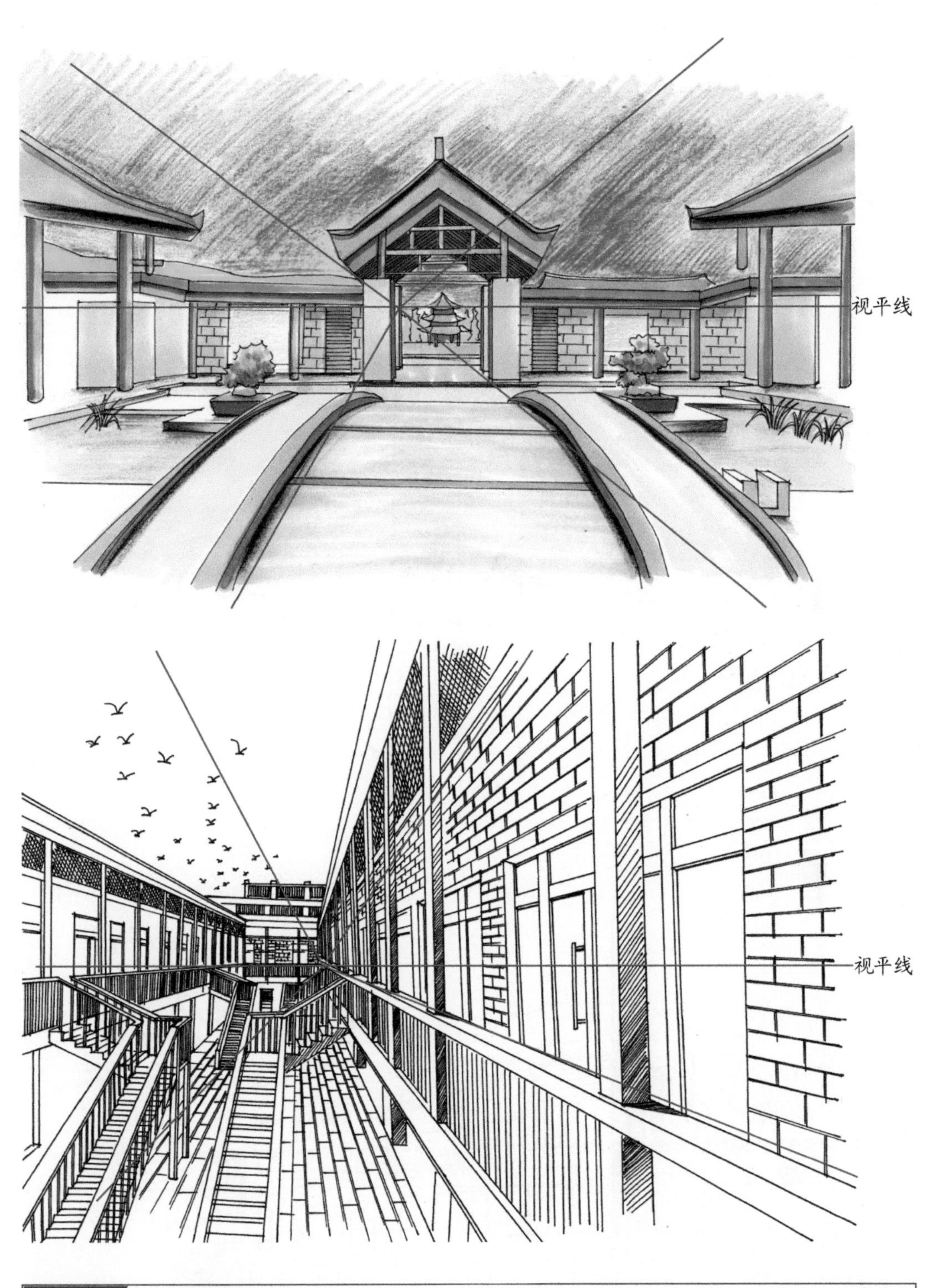

3.2.2 成角透视

定义：成角透视即两点透视。成角透视就是把立方体画到画面上，当立方体的四个面相对于画面倾斜成一定的角度时，往纵深平行的直线产生了两个灭点（消失点），简单的理解就是物体两面成角正对着我们的眼睛。

特点：有两个消失点，成角透视的运用范围较为普遍，表现的画面效果自由活泼，适合表现丰富和复杂的场景。

成角透视要注意站点的选择，如果站点选择不适合，就会造成空间物体的透视变形。

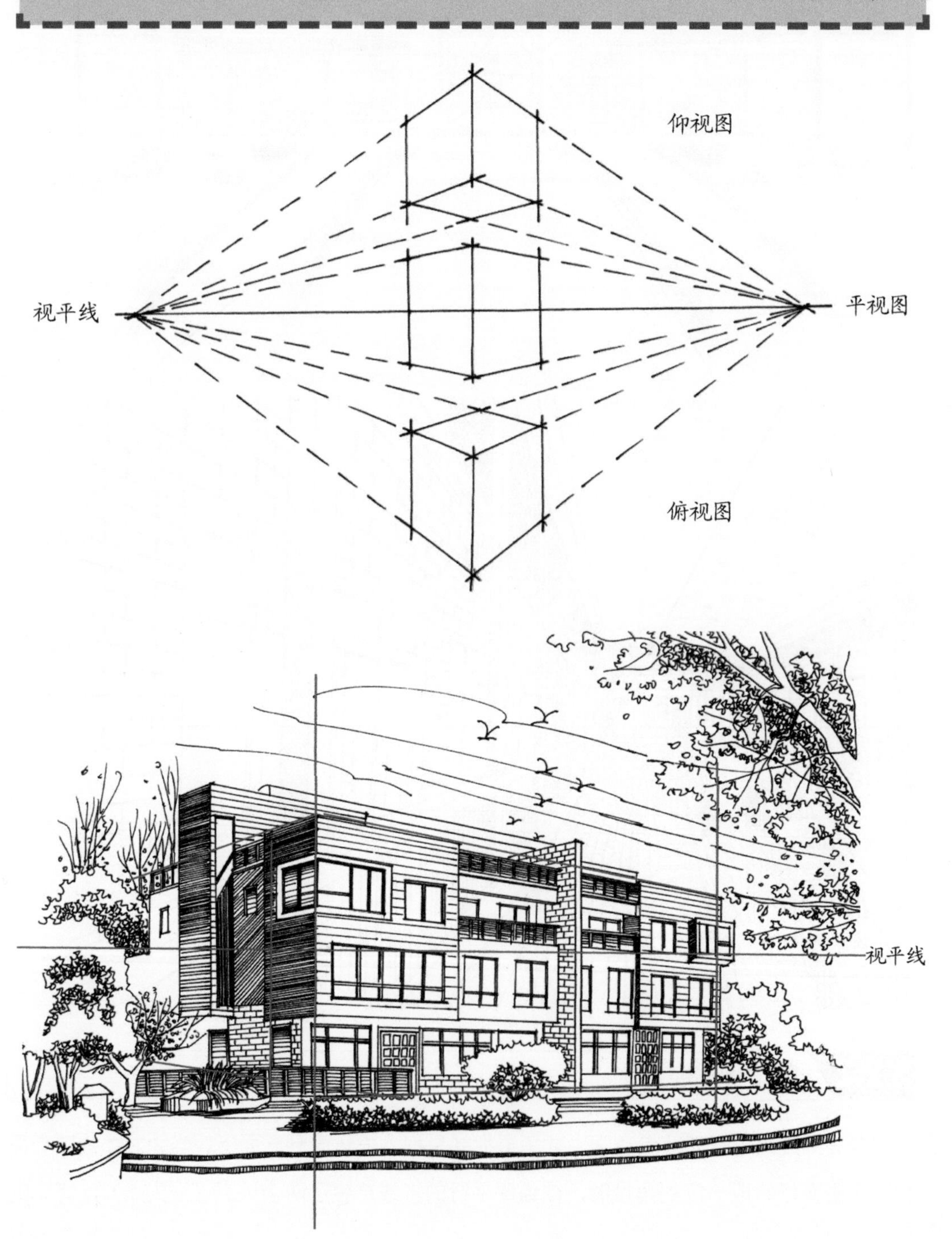

3.2.3 倾斜透视

定义：倾斜透视即三点透视，有三个灭点（消失点）。倾斜透视可以理解为立方体相对于画面，它的面和棱线都是不平行时，面的边线可延伸为三个消失点，就是物体三面的顶点正对着我们的眼睛。

特点：有三个消失点，倾斜透视多用于鸟瞰图，用来表示宽广的景物，可以将画面表现得更富有冲击力。

提示

三点透视要注意画面角度的把握，因为展现的角度比较广，如果把握不好，容易使画面不协调。

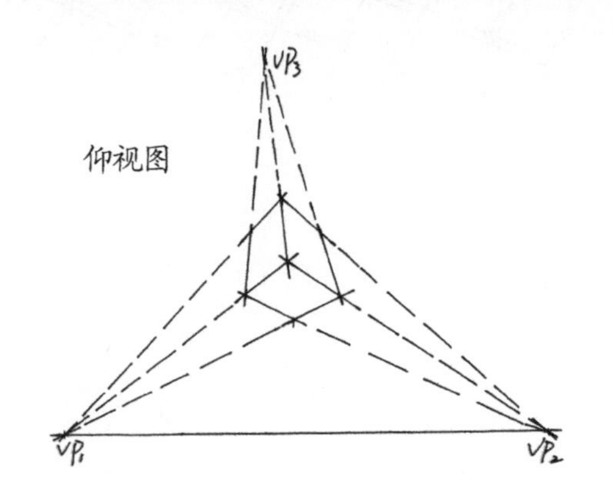

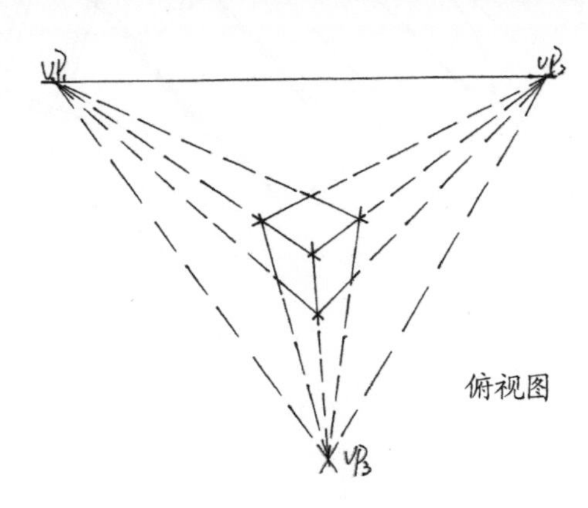

3.2.4 散点透视

定义：散点透视也叫多点透视。散点透视就是有多个消失点，这种手法在传统的中国画中比较常见。它是一点透视、两点透视、三点透视的综合运用，比较充分地表现空间跨度比较大的景物的方方面面。

特点：有多个消失点，绘画者的视点是可以移动的。散点透视适合画大的场景，如整座城市、村庄、小区的场景。

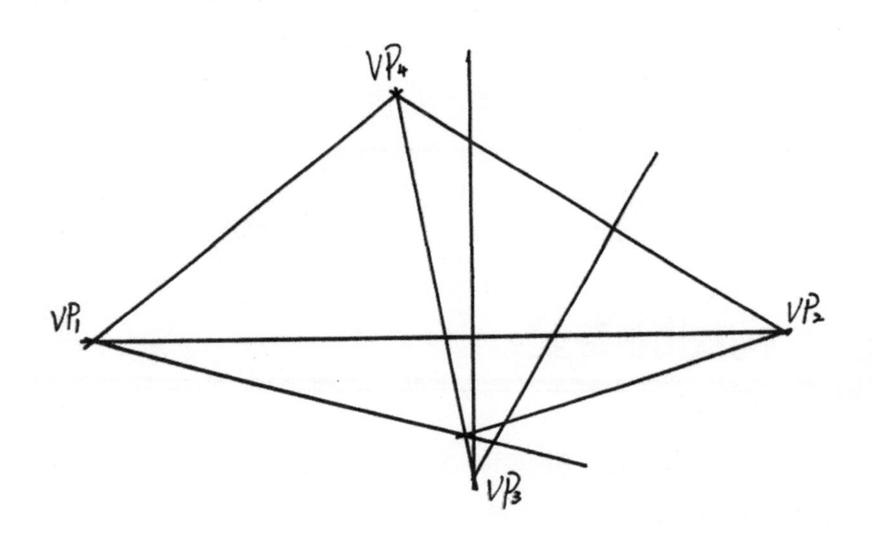

3.3 构图的定义与重要性

构图是手绘表现技巧的一个组成部分，是把各部分组成、结合、配置并加以整理出一个艺术性较高的画面。建筑设计手绘中构图是对画面的内容和形式进行整体思考和安排。在建筑构图中强调主体，舍弃次要的东西，突出主题建筑物的表现。建筑手绘表现在很大程度取决于如何构图，构图直接影响了作品的质量。构图表现得好就会使表现对象的位置、形状、材质、大小、色彩、明暗、质感等发挥出最大限度的艺术表现力，塑造出一幅完美的有魅力的灵动的画面。同时，构图本身就是一种强烈的艺术表达能力，它可以帮助观众直接从画面上获得绘画者的情感信息，产生情感的共鸣。

3.4 构图的类型

设计手绘表现中的构图方式有很多种，常见的构图方式包括三角形构图、九宫格构图、A 字形构图、S 形构图等。

1. **三角形构图**

三角形构图是绘画中常见的一种构图形式，给人集中、沉稳，且突出主体的感觉，在作图的过程中要注意等腰三角形的构图形式。

2. **九宫格构图**

九宫格构图也称井字构图，实际是一种黄金分割式的形式，也就是把画面平分成九块，在中心块上有四个点，这几个点都符合“黄金分割定律”，可以用其中任意一个点的位置来安排主体的位置。这种构图呈现出变化与快感，使画面更具有活力。

3．A 字形构图

A 字形构图具有极强的稳定感，具有向上的冲击力和强劲的视觉引导力。这种构图形式可以使画面产生不同的动感效果，而且形式新颖，主题思想鲜明。

4．S 形构图

S 形构图动感效果强，既动又稳，使画面中的优美感得到了充分的发挥，曲线的美感也在画面中得到充分的体现。S 形构图可用于各种幅面的图画，在建筑设计中常用于表现远景大桥、河流湖泊等建筑景观的起伏变化。

3.5 构图的要点

在建筑设计手绘效果图中，学习构图是十分重要的。掌握构图的要点主要包括：取景的选择和构图的规律。

3.5.1 取景的选择

在绘制建筑手绘效果图之前，需要把握好取景的范围，这是建筑写生手绘中常遇到的问题。对此首先要掌握取景的核心要求，要有主次，要懂得取舍。在取景表现对象的时候，要尽量选择能够表现出对象特征的角度，不同的角度表现出来的景象是不同的，表现出来的效果能够直接影响画面的结构。绘画中常见的取景（即框景）的方法有：手框框景、自制纸板框框景。

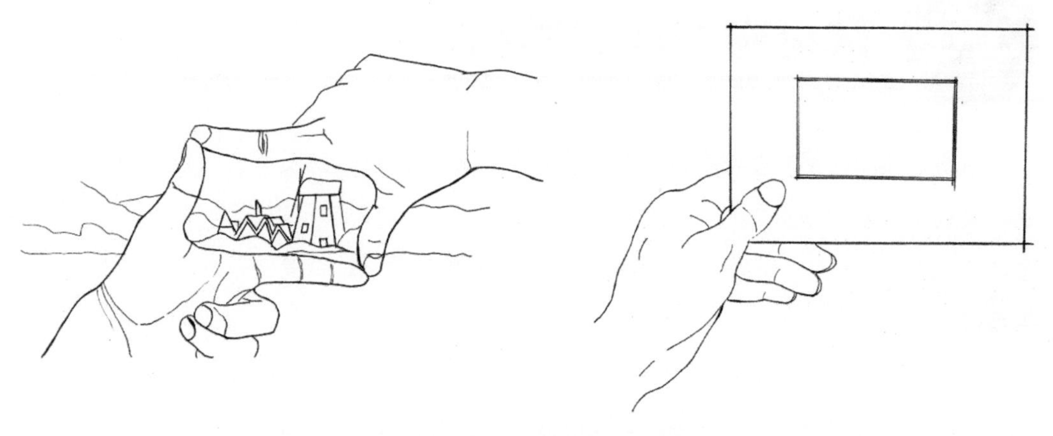

手框框景与自制纸板框框景

3.5.2 构图的规律

建筑手绘构图要掌握其基本规律，如均衡、稳定、统一、变化、韵律、对比、比例与尺度等。

1）均衡与稳定

均衡与稳定是构图中最基本的规律，建筑设计构图中的均衡表现为稳定和静止，给人视觉上的平衡。其中对称的均衡表现讲究严谨、完整和庄严；不对称的均衡表现讲究轻巧活泼。

2）统一与变化

构图时在变化中求统一，在统一中求变化。序中有乱，乱中有序，主次分明，画面和谐。

3）韵律

图中的要素有规律地重复出现或有秩序地变化，具有条理性、重复性、连续性，形成韵律节奏感，给人深刻的印象。

4）对比

建筑构图中两个要素相互衬托而形成差异，差异越大越能突出重点的作用。构图时在虚实、数量、线条疏密、色彩与光线明暗等方面均可形成对比。

5）比例与尺度

构图设计中要注意建筑物本身和配景的大小、高低、长短、宽窄是否合适，整个画面的要素之间在度量上要有一定的制约关系。良好的比例构图能给人和谐、完美的感受。

3.6 常见构图问题解析

构图是作画时第一步需要考虑的问题，画面中主体位置的安排要根据题材等内容而定。研究构图就是研究如何在室内空间中处理好各个实体之间的关系，以突出主题，增强画面的艺术感染力。构图处理得是否得当、是否新颖、是否简洁，对设计作品的成败关系很大。

构图时常见的问题有：画面过大，即构图太饱满，给人拥挤的感觉；画面过小，即构图小，会使画面空旷而不紧凑；画面过偏，即构图太偏，会使画面失衡。

构图偏小

构图偏大

构图失衡

构图适当

3.7 课后练习

1. 用两点透视绘制下图。

2. 用三点透视绘制下图。

现如今的生活中，人们越来越多地受到色彩的影响。建筑设计非常讲究色彩与色调的搭配，色彩的运用一方面能满足生活功能的需要，另一方面又能满足人的视觉和情感的需要。一幅设计手绘效果表现图，要体现画面的真实性就离不开色彩的运用，所以手绘中对色彩的掌握是至关重要的。

本章主要讲解手绘色彩的形成、属性、对比以及不同材质的表现。

第4章 手绘色彩基础知识与材质表现

4.1 色彩的形成与重要性

色彩是通过眼、脑和我们的生活经验所产生的一种对光的感知，是一种视觉效应。人对颜色的感觉不仅仅由光的物理性质所决定，比如人类对颜色的感觉往往受到周围颜色的影响。有时人们也将物质产生不同颜色的物理特性直接称为颜色。

经过大量的科学实验得知，色彩是以色光为主体的客观存在，对于人则是一种视像感觉，产生这种感觉基于三种因素：一是光；二是物体对光的反射；三是人的视觉器官——眼睛。即不同波长的可见光投射到物体上，一部分波长的光被吸收，一部分波长的光被反射出来刺激人的眼睛，经过视神经传递到大脑，形成对物体的色彩信息，即人的色彩感觉。光、眼、物三者之间的关系，构成了色彩研究和色彩学的基本内容，同时亦是色彩实践的理论基础与依据。

在现实生活中，色彩对人的意义不亚于空气和水。人们的切身体验表明，色彩对人们的心理活动有着重要影响，特别是和人的情绪有着非常密切的关系。比如，红色通常给人带来这些感觉：刺激、热情、积极、奔放和力量，还有庄严、肃穆、喜气和幸福等；绿色是自然界中草原和森林的颜色，有生命、永久、理想、年轻、安全、新鲜、和平之意，给人以清凉之感；蓝色则让人感到悠远、宁静、空虚等。

4.2 色彩的类型

设计中的颜色有很多种，在一幅设计手绘效果图的表现中，一般颜色基本上可以分为固有色、光源色与环境色。

4.2.1 固有色

固有色，就是物体本身所呈现的固有的色彩。对固有色的把握，主要是准确把握物体的色相。固有色在一个物体中占有的比例最大，物体固有色最明显的地方就是受光面与背光面的中间部分，也就是绘画中的灰部。在这个范围内，物体受外部条件色彩的影响较少，它的变化主要是明度变化和色相本身的变化，它的饱和度往往也最高。

4.2.2 光源色

光源色是由各种光源（太阳、月亮、灯具等）发出的光，光波的长短、强弱、比例性质不同，形成不同的色光，叫作光源色。光源色是光源照到白色光滑不透明物体上所呈现出来的颜色，不同的光源会导致物体产生不同的色彩。

光源的颜色是纯色，只与光源本身有关。比如红色的光源，它的颜色就是红色，不管放在什么环境下，都改变不了它的颜色。光源的颜色叠加，会越来越亮。

自然界的白光（如阳光）是由红、蓝、绿三种波长不同的颜色组成的。人们看到的红花，是因为蓝色和绿色波长的光线被物体吸收，而红色的光线反射到人们的眼睛里的结果。同样的道理，绿光和红光波长的光线被物体吸收而反射为蓝色，蓝色和红色波长的光线被物体吸收而反射为绿色。

月光

太阳光

灯光

4.2.3 环境色

环境色是指在各类光源的照射下，环境所呈现的颜色。物体表面受到光照后，除吸收一定的光外，也能反射到周围的物体上，即环境色是受光物体周围环境的颜色，是反射光的颜色。环境色的存在和变化，加强了画面之间的色彩呼应和联系，能够微妙地表现出物体的质感。

环境色是最复杂的，和环境中各种物体的位置、固有色、反光能力都有关。因此环境色的运用和掌控在绘画中显得十分重要。

4.3 色彩的属性

色彩的属性包括三要素，即明度、纯度和色相。

4.3.1 明度

色彩的明亮程度，如白色明度强，黄色次之，蓝色更次之，黑色最弱。

明度不仅取决于物体照明程度，而且取决于物体表面的反射系数。如果我们看到的光线来源于光源，那么明度取决于光源的强度；如果我们看到的是来源于物体表面反射的光线，那么明度取决于照明光源的强度和物体表面的反射系数。

简单地说，明度可以理解为颜色的亮度，不同的颜色具有不同的明度。应用于绘画当中，我们可以通过改变颜色的明度来体现画面所要表达的内容。

4.3.2 纯度

纯度通常是指色彩的鲜艳度，也称饱和度。从科学的角度看，一种颜色的鲜艳度取决于这一色相发射光的单一程度。人眼能辨别的有单色光特征的颜色，都具有一定的鲜艳度。不同的色相不仅明度不同，纯度也不同。

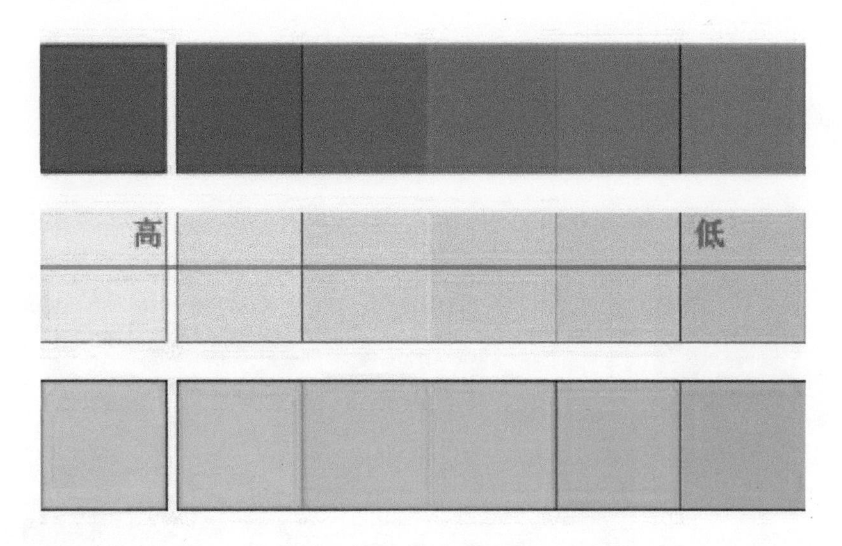

4.3.3 色相

色相是色彩的首要特征，是区别各种不同色彩的最准确的标准。事实上任何黑白灰以外的颜色都有色相的属性，而色相也就是由原色、间色和复色构成的。色相是色彩可呈现出来的质的面貌。

光谱中有红、黄、蓝、绿、紫、橙 6 种根本色光，人的眼睛可以分辨出约 180 种不同色相的色彩。

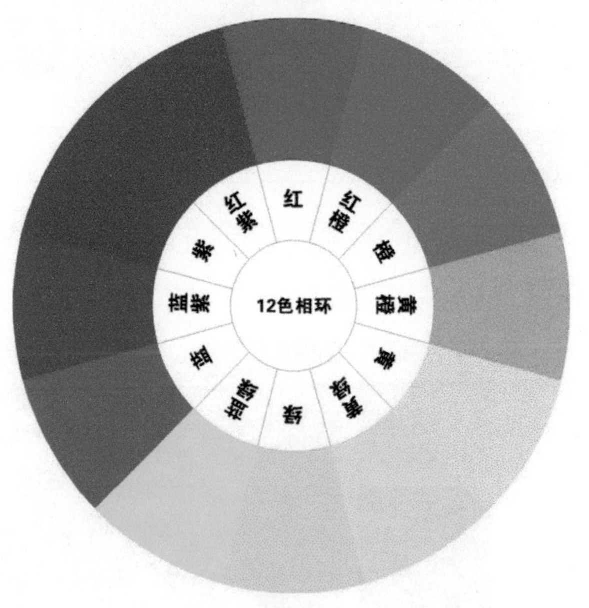

色相环

4.4 色彩的特性

色彩本身没有冷暖之分，色彩的冷暖是建立在人生理、心理、生活经验等方面之上的，是对色彩的一种感性认识。一般而言，光源直接照射到物体的主要受光面，使得物体这部分变为暖色，而没有受光的暗面则变为冷色。

4.4.1 冷色

冷色系来自于蓝色调，如蓝色、青色和绿色。冷色给人距离、冷静、凉爽的感觉。

4.4.2 暖色

暖色系是由太阳颜色衍生出来的颜色，如红色、橙色、黄色。暖色系给人温暖、亲近、舒适的感觉。

4.5 马克笔上色技巧

马克笔是当今很多朋友喜欢使用的工具，它的最大好处是能快速地表现你的设计意图。马克笔的效果图表现可以洒脱，可以秀丽，也可以稳重。

4.5.1 马克笔的笔触与应用

笔触是最能体现马克笔表现效果的，马克笔笔触的排列要均匀、快速。最常见的有“单行摆笔”“叠加摆笔”“扫笔”“揉笔带点”等。

1）单行摆笔

单行摆笔的时候，纸张与笔头保持45°斜角，用力均匀，两笔之间重叠部分尽量保持一致。这种形式就是线条简单的平行或垂直排列，最终强调面的效果，为画面建立持续感。

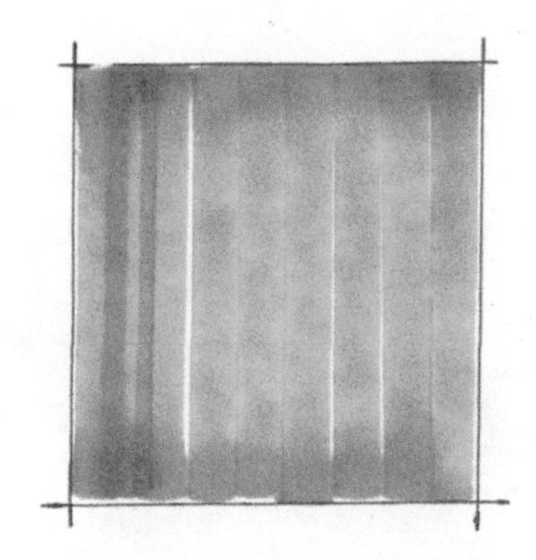

2）叠加摆笔

笔触的叠加能使画面色彩丰富，过度清晰。注意同类色能叠加，对比色不能叠加；叠加颜色时，不要完全覆盖上一层颜色，要做笔触渐变，保持“透气性”。

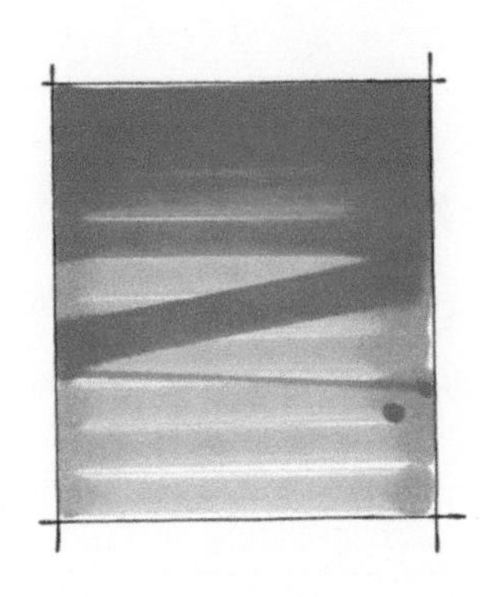

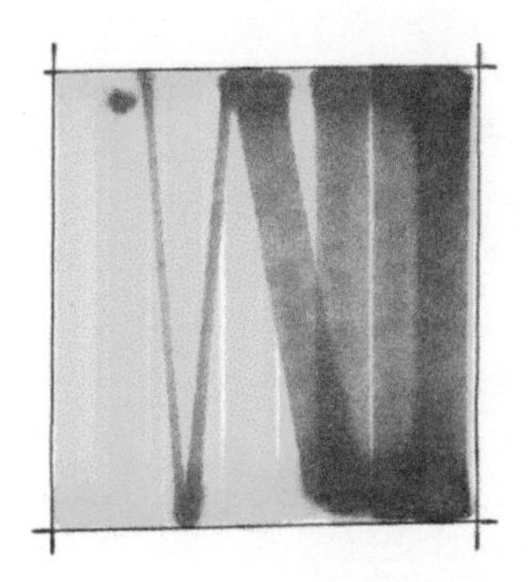

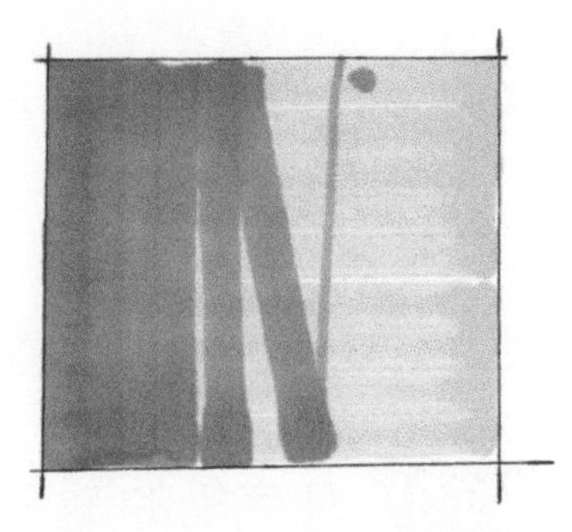

3）扫笔

扫笔是起笔重，然后迅速运笔提笔，无明显的收笔。它有一定的方向控制和长短要求，是为了强调明显的衰减变化，一般用在亮面快速扫过。

4）揉笔带点

揉笔带点常常用到树冠、草地和云彩的绘制中，特点是笔触不以线条为主，而是以笔块为主。它在笔法上是最灵活随意的，但要有方向性和整体性，不能随处用点笔导致画面凌乱。

4.5.2 马克笔上色规律

（1）不要反复地涂抹，否则色彩会变得乌钝，失去马克笔应有的神采。马克笔上色以爽快干净为好，一般上色不可超过四层色彩。

（2）马克笔绘画步骤与水彩相似，上色由浅入深，先刻画物体的亮部，然后逐步调整暗、亮两面的色彩。

（3）注意马克笔几种错误的笔触运笔。

4.5.3 马克笔的渐变与过渡练习

马克笔在上色时，先铺浅色，后上深色，由浅入深，整个过程应注意颜色的渐变与过渡。

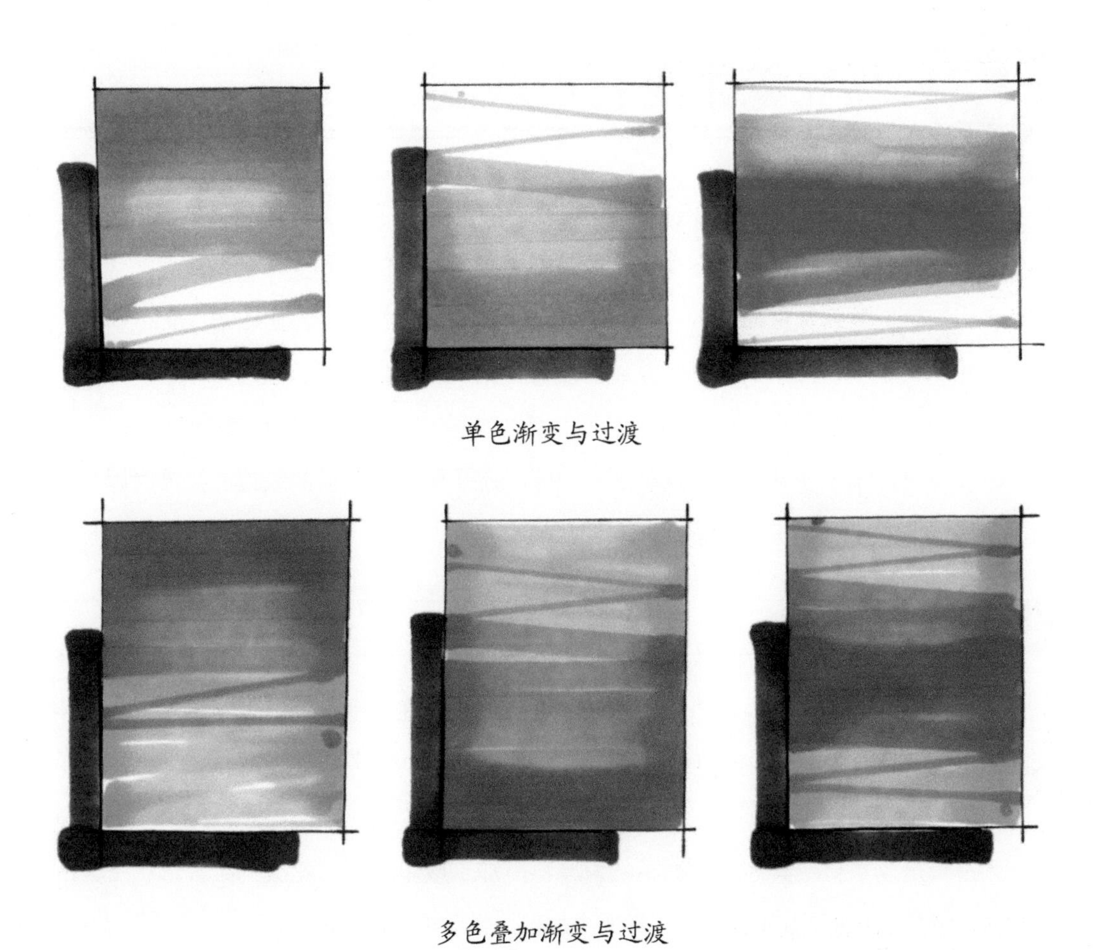

单色渐变与过渡

多色叠加渐变与过渡

4.5.4 运用马克笔时常出现的问题

初学者刚开始学习马克笔的运用时常会出现以下几种问题。

（1）力度太大，失去了马克笔“透”的特点。

（2）运笔过程中手抖，造成线条不均匀。

（3）力度不均匀，出现缺口。

（4）有头无尾，下笔过于草率。

（5）运笔时手不稳，力度不均匀。

4.6 马克笔常见材质表现

材质分别从三个方面体现出来，即色彩、纹理、质感。色彩是景观设计的灵魂和气质，任何一种材料都会呈现出反映自身特质的色彩面貌。材料的色彩变化会构成典型环境中的主要色彩基调，并以其最强烈的视觉传播作用刺激观者的视觉，乃至引导人们的行为。纹理就是指材料上呈现出来的线条和花纹。质感是指对材料的色泽、纹理、软硬、轻重、温润等特性把握的感觉，并由此产生的一种对材质特征的真实把握和审美感受。

在表现时，除了注意马克笔用笔的方向外，还需要注意材质的纹理。绘画时以马克笔为主，加以彩铅过渡会取得较好的效果。

4.6.1 木材

木材是一种传统的室内、建筑、景观等设计材料，在景观设计中得到了广泛的应用。大量木材的应用给人一种自然美的享受，在景观设计中，木材有着不可替代的地位。

1）人造木材

人造板是以木材或其他非木材植物为原料，加工成单板、刨花或纤维等形状各异的组元材料，经施加(或不加)胶黏剂和其他添加剂，重新组合制成的板材。

2）自然原木

原木是原条长向按尺寸、形状、质量的标准规定或特殊规定截成一定长度的木段，这个木段称为原木。

人造木材

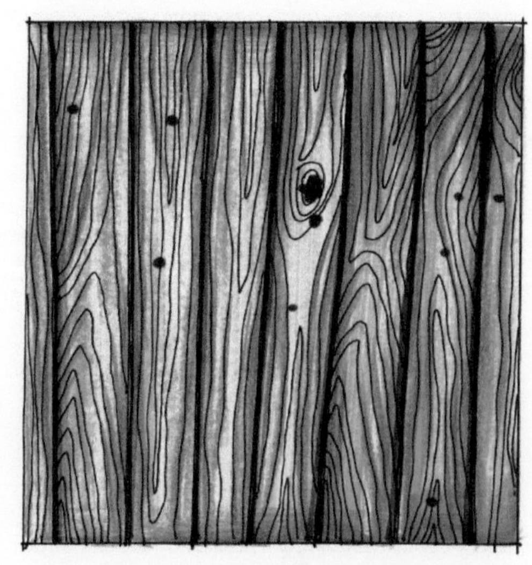

自然原木

4.6.2 石材

在景观设计手绘中，石材的表现种类有很多，对不同石材的表现要掌握其纹理是至关重要的。景观设计装饰材料中，常见的石材有大理石、文化石、花岗岩、青石板等。使用石材装饰的部位不同，选用的石材类型也是不一样的。

1）大理石

大理石板材色彩斑斓，色调多样，花纹无一相同。在绘制时，要表现出大理石的形态、色泽、纹理和质感。用线条表现大理石的裂纹时要自然随意，注意虚实的变化。

2）文化石

文化石可以分为天然文化石和人造文化石两大类，可以作为室内或室外局部的一种装饰，绘制时要表现出它的形态、纹理和质感。手绘文化石时，注意纹理的表现要用短曲线。

3）花岗岩

花岗岩是深层岩，肉眼可辨的矿物颗粒。花岗岩不易风化，颜色美观，外观色泽可保持百年以上，由于其硬度高、耐磨损，是景观设计露天雕刻的首选之材。

4）青石板

青石板常见于园林中的地面、屋面瓦等，质地密实，强度中等，易于加工，可采用简单工艺制作成薄板或条形材，是理想的建筑装饰材料。青石板常用于建筑物墙裙、地坪铺贴以及庭院栏杆（板）、台阶灯，具有古建筑的独特风格。

花岗岩

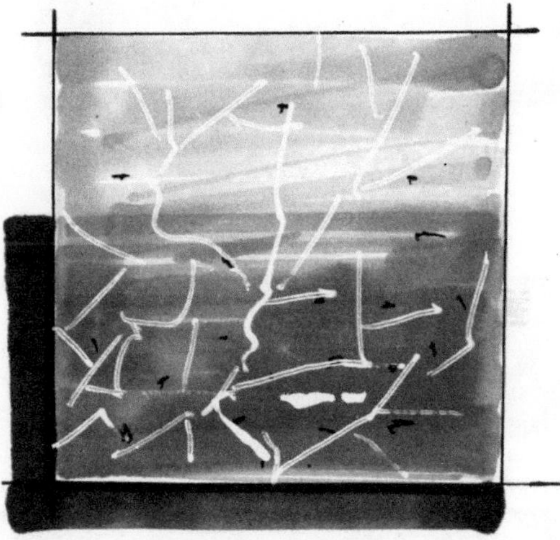

大理石

文化石

青石板

4.6.3 玻璃与金属材质

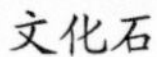

玻璃是一种透明的固体物质，它在设计中的应用是非常普遍的，门、窗户、家具都会用到。

金属材料的反光质感很重要，金属材质在线条表达上和玻璃材质是相同的，主要区别是固有色的不同。

金属

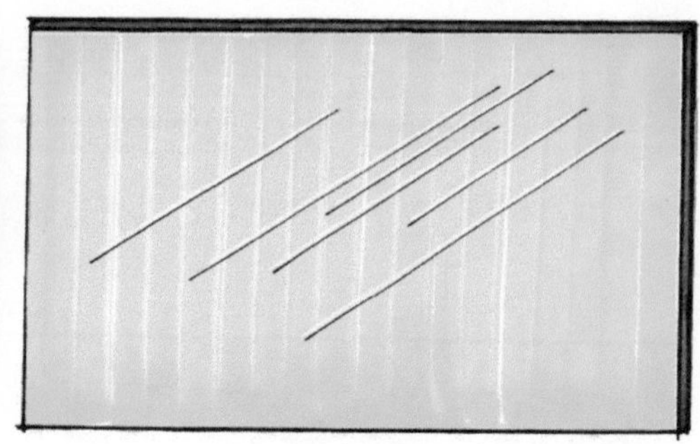

玻璃

4.7 课后练习

1. 练习马克笔笔触。

2. 用马克笔绘制不同的材质（如玻璃、石材、木材等）。

在建筑设计手绘中，除了重点表现建筑主体之外，还有大量的配景要素。所谓配景，就是指陪衬建筑主体的环境部分，主要包括植物、山石水景、天空、远山、人物、车和其他环境设施等。

协调的配景是根据建筑设计所要求的地理环境和特定环境而定的。配景的运用能显示主体物的尺度，判断物体的大小，其中建筑设计手绘的配景人物是最好的参照物。配景可以调整画面平衡，引导视线，把观察者的视线引向画面的重点部位；配景可以表现出建筑主体设计的特点和风格特征，加强建筑物的真实感；配景还可以增强空间效果的表现，利用其本身的冷暖、虚实等关系增加画面的纵深感。

第5章 建筑配景手绘表现

5.1 植物

植物是建筑手绘配景中最常见的内容，其作用在于烘托场景气氛，使画面更加丰富。植物的表现具有很强的可变性，在画面中显得多变而不会单一乏味。植物的画法有很多种，主要是抓住植物的形态特征，不需要过细地描绘植物物种。普通植物的表现形式都是比较概括的，简单而含蓄。

5.1.1 乔木类

普通的乔木一般比较高大，树的生长是由主干向外生长的。在手绘中要注意树木的轮廓、姿态、造型，用线要简洁，快速地表现植物配景。常见的乔木如山银杏、玉兰、松树、白桦树、梧桐树等。

1. 乔木明暗关系的表现

表现乔木的明暗关系时，首先把它概括为最简单的几何形体，根据光源的方向进行球体的明暗分析。如果是树丛的表现，可以看成是多个球体的组合。绘制自然界中树木的明暗关系一般分为黑、白、灰三大面，明暗关系不宜过多，在画面中不要喧宾夺主。

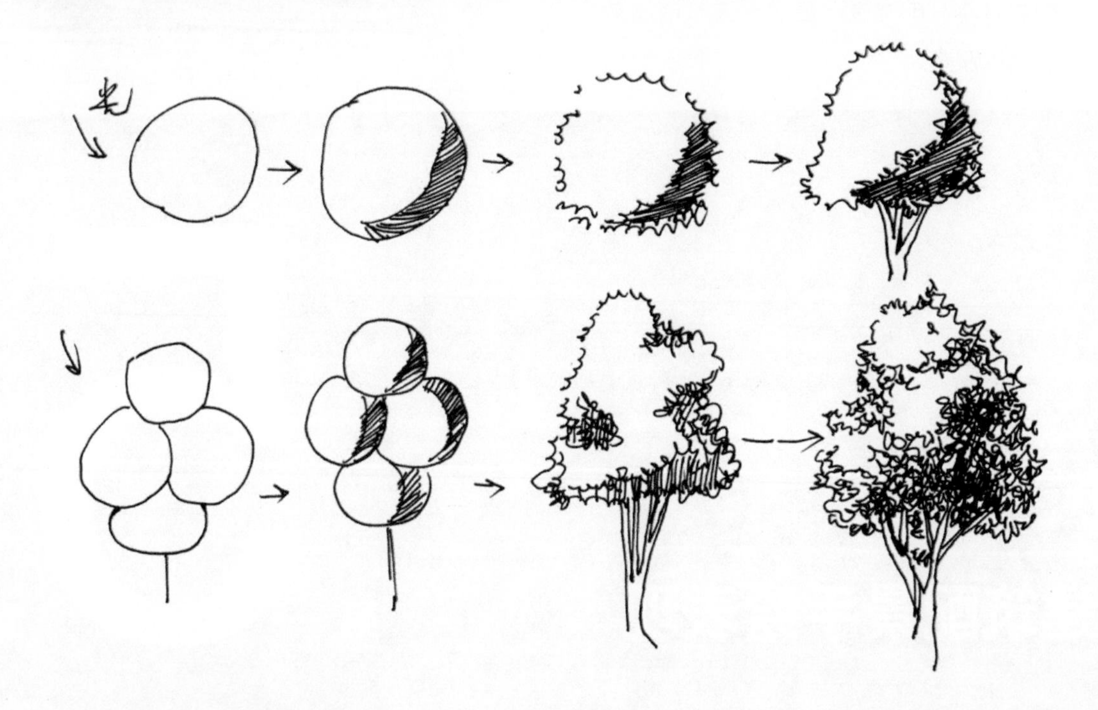

2. 乔木树干结构的表现

绘制树干时，一般是从下向上绘制，下面的树枝大，越往上越小。注意不要左右对称，左右的树枝长度都是不一样的，否则会显得死板。不同的树木树干的画法不同，绘制时要抓住它们的生长规律。

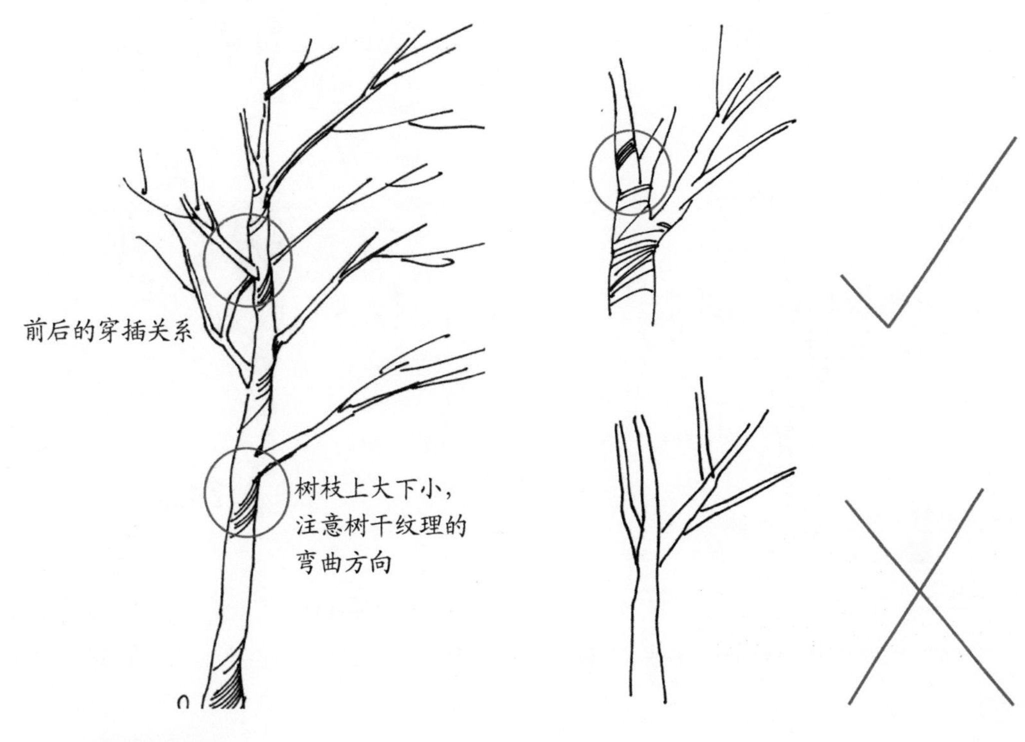

3．**乔木的绘制**

▶ 范例一 ◀

【绘制步骤】

（1）用铅笔绘制出乔木大概的外形轮廓，把它的树冠看成简单的几何球体。

（2）继续用铅笔绘制乔木的细节，注意对树冠明暗关系的表现。

（3）在铅笔稿的基础上绘制乔木树干与树冠的轮廓线条，注意用线要自然流畅。

（4）用橡皮擦去画面中多余的线条，保持画面整洁。

（5）用49号（ ）马克笔画出亮部颜色，把它看成简单的几何长方体。

（6）用45号（ ）马克笔画出受光部与背光部的衔接部分，注意线条之间的透视关系。

（7）用54号（ ）马克笔画出受

光面与背光面的衔接部分，完成乔木的绘制。

▶ 范例二 ◀

【绘制步骤】

（1）用铅笔绘制出乔木大概的外形轮廓，把它的树冠看成简单的几何球体。

（2）继续用铅笔绘制乔木的细节，注意对树冠明暗关系的表现。

（3）在铅笔稿的基础上绘制乔木树干与树冠的轮廓线条，注意用线要自然流畅。

（4）继续绘制树木的暗部，用橡皮擦去画面中多余的线条，保持画面整洁。

（5）用49号（　　）马克笔画出亮部颜色，把它看成简单的几何长方体。

（6）用42号（　　）马克笔画出受光部与背光部的衔接部分，注意线条之间的透视关系。

（7）用 100 号（ ）马克笔画出受光部与背光部的衔接部分，完成乔木的绘制。

5.1.2 灌木和绿篱植物

灌木是比较矮小的没有明显主干的木本植物，一般组群靠近地面生长形成灌木丛。灌木丛在画面中有一种不很明确的内容形式，是真正意义上的点缀。由灌木或小乔木以近距离的株行距密植，栽成单行或双行，紧密结合的、规则的种植形式，称为绿篱、植篱、生篱。绿篱根据人们的不同要求，可修剪成不同的形式，其断面常剪成正方形、长方形、梯形、圆顶形、城垛、斜坡形等。

1．灌木与绿篱明暗关系的表现

画灌木时把灌木丛看成一个立方体或球体，在光照下，分出明暗关系，运用三种明度的同色系颜色就可以表现出黑白灰关系，突出灌木的体积感。

2. **灌木与绿篱的绘制**

▶ 范例一 ◀

【绘制步骤】

（1）用铅笔绘制出灌木大概的外形轮廓，可以把它看成简单的几何球体。

（2）继续用铅笔绘制灌木的细节，注意对树冠明暗关系的表现。

（3）在铅笔稿的基础上绘制灌木的树叶线条，注意用线要自然流畅。

（4）用橡皮擦去画面中多余的线条，保持画面整洁。

（5）继续绘制灌木的细节与树干的暗部，注意线条的流畅性。

（6）用 48 号（ ）马克笔画出受光部与背光部衔接部分的颜色。

（7）用 167 号（ ）马克笔绘制树冠暗部的第一层颜色。

（8）用 56 号（ ）马克笔加重树叶的暗部颜色，再用 147 号（ ）马克笔丰富树叶亮部的颜色，活跃画面的气氛。

（9）用 104 号（ ）马克笔绘制灌木树干的颜色，完成灌木的绘制。

▶ 范例二 ◀

【绘制步骤】

（1）用铅笔绘制出绿篱大概的外形轮廓，可以把它看成简单几何体的组合。

（2）在铅笔稿的基础上用勾线笔勾出绿篱的外形轮廓，注意线条的运用要流畅。

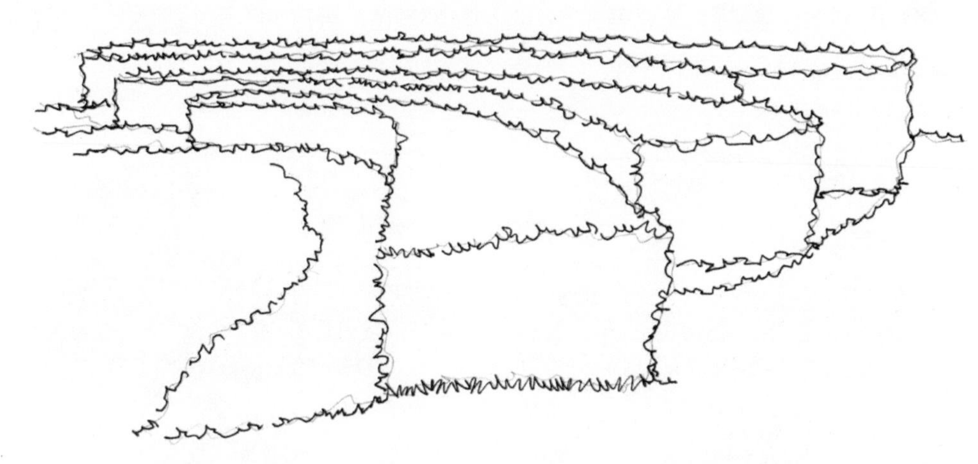

（3）绘制绿篱的暗部，确定明暗关系，用橡皮擦去画面中多余的线条，保持画面整洁。

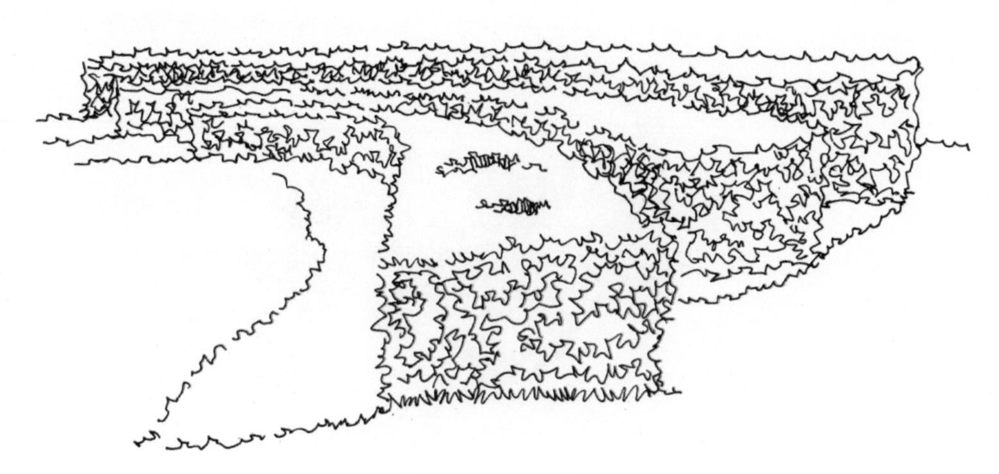

（4）用排列的线条绘制地面的阴影，加重植物的暗部。亮部采用留白的形式，以增强绿篱的体积感。

（5）用 140 号（ ）、48 号（ ）和 167 号（ ）马克笔绘制绿篱与草地的第一层颜色。

（6）用 17 号（ ）、100 号（ ）、58 号（ ）和 46 号（ ）马克笔绘制绿篱与草地的第二层颜色。

（7）用 54 号（ ）、83 号（ ）马克笔加重暗部颜色，再用 164 号（ ）、172 号（ ）马克笔丰富亮部颜色。

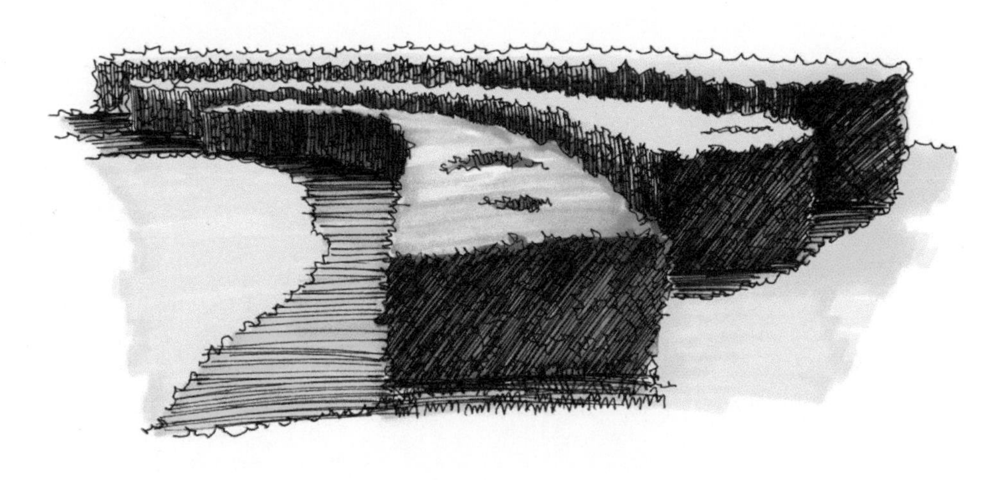

（8）用461号（ ）、473号（ ）、478号（ ）和426号（ ）彩色铅笔绘制草坪与天空的颜色，完成画面的绘制。

5.1.3 藤本植物

藤本植物的茎细长不能直立，是一种须攀附支撑物向上生长的植物，一般用以进行垂直绿化，可以充分利用土地和空间，占地少、见效快，对美化人口多、空地少的城市环境有重要意义。

【绘制步骤】

（1）首先确定画面的构图，用铅笔绘制植物叶子与花朵大概的外形轮廓。

（2）在铅笔稿的基础上，用勾线笔绘制出花朵准确的轮廓线，注意用线要自然、流畅。

（3）继续用勾线笔绘制出植物叶子的轮廓线，注意叶子之间的重叠关系。

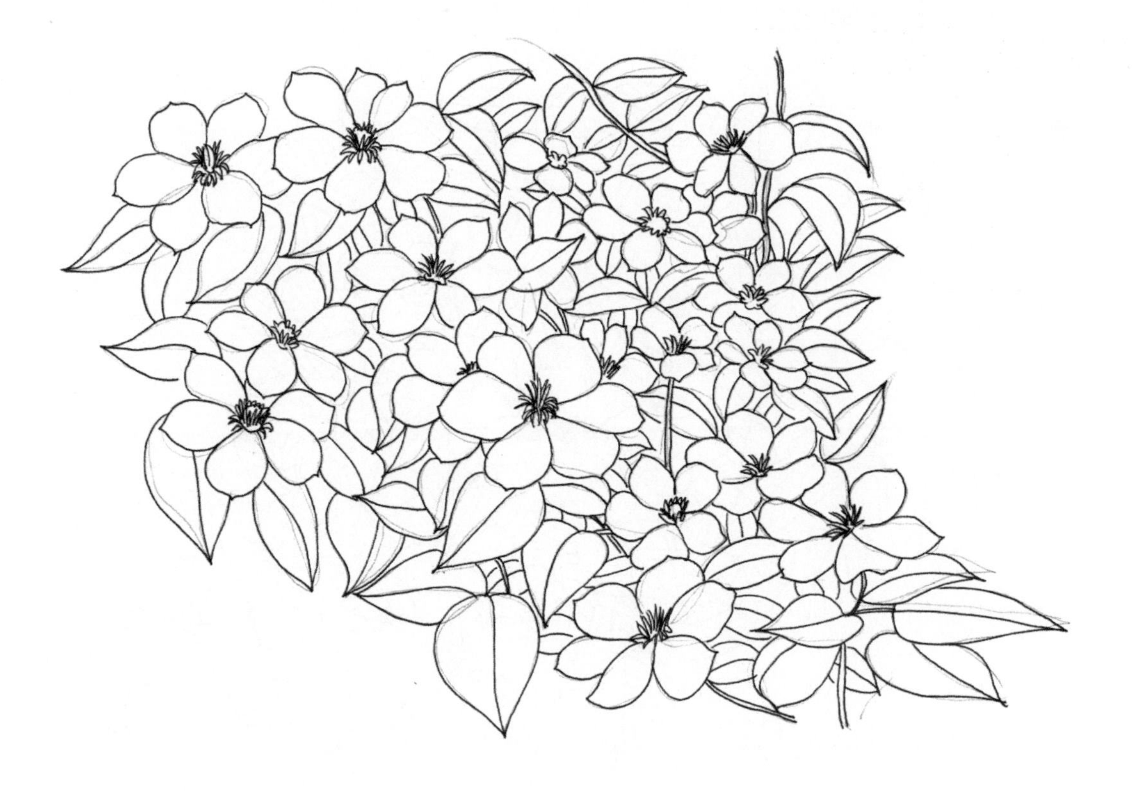

（4）用橡皮擦去画面中多余的线条，保持画面整洁。

（5）仔细绘制植物的细节纹理，表现出植物的结构特征。绘制画面的暗部，以增强画面的空间层次，注意用线要流畅。

（6）用 147 号（　　）马克笔绘制花朵的第一层颜色，可以采用马克笔平涂的笔触。

（7）用 59 号（　　）马克笔绘制植物叶子的第一层颜色。

（8）用 34 号（ ）马克笔绘制花蕊的颜色，用 84 号（ ）、85 号（ ）马克笔绘制花朵的颜色，注意颜色的渐变与过渡。

（9）用 46 号（ ）马克笔绘制叶子的第二层颜色，再用 55 号（ ）马克笔继续加重叶子的颜色。

（10）用 57 号（　　）马克笔绘制画面的背景颜色，再用 54 号（　　）马克笔继续加重叶子的暗部颜色，以增强叶子的空间层次感，完成画面的绘制。

5.1.4 花草

花草作为画面的重要配景之一，有着非常重要的作用。花卉的点缀使画面更加活泼，一般应小面积使用比较亮丽的颜色。

【绘制步骤】

（1）用铅笔绘制花草叶子与花朵大概的外形轮廓，确定画面的构图。

（2）在铅笔稿的基础上用勾线笔绘制出花朵的轮廓线，注意用线要自然、流畅。

（3）继续用勾线笔绘制叶子的轮廓线，注意叶子前后之间的穿插关系。

（4）用橡皮擦去画面中多余的线条，保持画面整洁。

（5）继续用排列的线条绘制叶子的暗部，以增强画面的空间层次感，注意线条的排列。

（6）用 167 号（ ）马克笔绘制草丛的第一层颜色，可以采用马克笔平涂的笔触。

（7）用 141 号（ ）马克笔绘制花朵的第一层颜色。

（8）继续用48号（ ）、56号（ ）和54号（ ）马克笔绘制叶子的颜色，丰富画面的空间层次。

（9）用104号（ ）、34号（ ）马克笔绘制花朵的颜色，注意颜色的渐变与过渡，再用140号（ ）马克笔丰富画面的色彩，完成花草植物的绘制。

5.1.5 水生植物

水生植物一般是指能够长期在水中或水分饱和土壤中正常生长的植物，如水竹、芦苇、千屈菜、睡莲、布袋莲、水蕴草、满江红等。

▶ 范例一 ◀

【绘制步骤】

（1）用铅笔绘制出水生植物大概的外形轮廓，表现出大体的结构特征即可。

（2）在铅笔稿的基础上绘制水生植物的轮廓线条，注意用线要自然流畅。

（3）用橡皮擦去画面中多余的铅笔线，保持画面整洁。

（4）用自然的线条绘制水面，注意对线条疏密关系的表现。

（5）用 59 号（ ）马克笔绘制植物叶子的第一层颜色。

（6）用 147 号（ ）马克笔绘制花朵的第一层颜色，再用 68 号（ ）马克笔绘制水面的第一层颜色，注意亮部关系的留白。

（7）用 56 号（ ）马克笔绘制植物叶子的第二层颜色，以加强叶子的厚重感，注意颜色涂得不要太满。

（8）用 84 号（ ）、83 号（ ）和 34 号（ ）马克笔绘制花朵的颜色。

（9）用 67 号（　　）、61 号（　　）马克笔丰富水面的颜色，注意马克笔颜色的渐变与过度。整体调整画面，完成绘制。

▶ 范例二 ◀

【绘制步骤】

（1）首先确定画面的构图，用铅笔绘制出植物叶子的外形轮廓。

（2）在铅笔稿的基础上用勾线笔绘制植物叶子的轮廓线，注意用线要自然流畅。

(3) 用橡皮擦去画面中多余的铅笔线，保持画面整洁。

(4) 用排列的线条绘制叶子的暗部，以增强画面的空间层次感。

(5) 用59号（ ）马克笔绘制植物的第一层颜色。

(6) 用48号（ ）马克笔绘制植物的第二层颜色。

(7) 用56号（ ）马克笔加重叶子的暗部颜色，以增强画面的空间层次感。

(8) 用61号（ ）、67号（ ）马克笔绘制水面的颜色，完成植物的绘制。

5.1.6 盆景

盆景是呈现于盆器中的花木景观的艺术制品，多以树木、花草、山石、水、土等为素材，经匠心布局、造型处理和精心养护，能在咫尺空间集中体现山川神貌的艺术之美，成为富有诗情画意的案头清供和建筑景观装饰，常被誉为“无声的诗，立体的画”。

▶ 范例一 ◀

【绘制步骤】

（1）用铅笔绘制出盆栽大概的外形轮廓，表现出盆栽大体的形态特征。

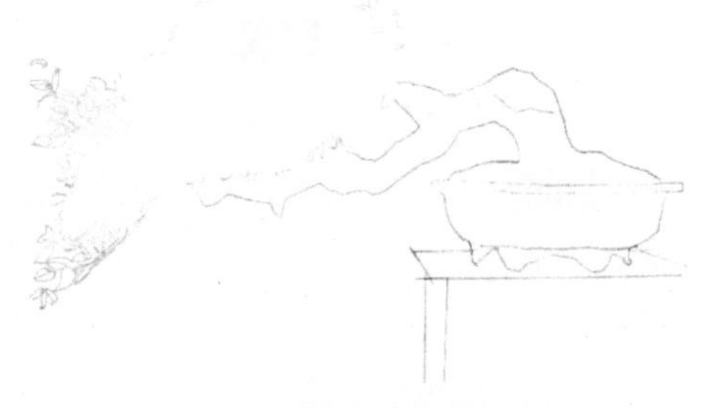

（2）用勾线笔在铅笔稿的基础上绘制出植物的叶子，注意曲线的运用要自然。

（3）继续用勾线笔绘制树干与花盆的结构线，注意用线要肯定、流畅。

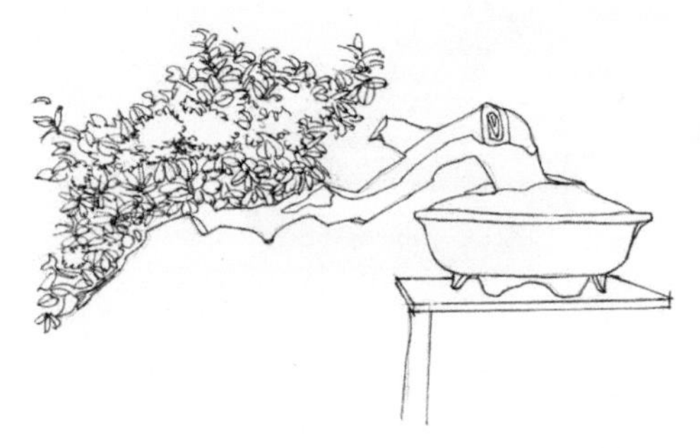

（4）用橡皮擦去画面中多余的线条，保持画面整洁。

（5）仔细绘制画面的暗部，注意线条的排列方向。

（6）用59号（ ）马克笔绘制植物叶子的第一层颜色，用164号（ ）马克笔绘制花朵的第一层颜色，再用36号（ ）马克笔绘制树干的第一层颜色。

（7）用46号（ ）马克笔绘制植物叶子的第二层颜色，再用100号（ ）马克笔绘制树干的暗部颜色。

（8）继续用37号（ ）、35号（ ）和17号（ ）马克笔绘制花朵的颜色，再用55号（ ）马克笔加重叶子的暗部。

（9）用92号（ ）马克笔进一步加重树干的暗部，再用WG3号（ ）、103号（ ）马克笔绘制土壤的颜色。

（10）用140号（ ）马克笔绘制花盆的第一层颜色，再用97号（ ）、95号（ ）马克笔加重花盆暗部的颜色，以增强花盆的立体感。

（11）用163号（ ）马克笔绘制植物的背景颜色，再用WG3号（ ）马克笔绘制画面的阴影，完成绘制。

▶ 范例二 ◀

【绘制步骤】

(1)用铅笔绘制盆景大概的外形轮廓，可把花盆看成简单的几何体。

(2)用铅笔继续绘制植物叶子的轮廓与花盆的厚度。

(3)用勾线笔绘制花盆的结构线，注意用线要肯定、流畅。

(4)继续用勾线笔绘制植物叶子与花束的轮廓线，注意用线的流畅性。

（5）用橡皮擦去画面中多余的线条，保持画面整洁。

（6）仔细绘制画面的细节与暗部，给画面添加阴影，注意线条的排列方向。

（7）用 167 号（ ）马克笔绘制叶子的第一层颜色，再用 147 号（ ）马克笔绘制花朵的第一层颜色。

（8）继续用 48 号（ ）、56 号（ ）马克笔绘制叶子的颜色，增强叶子的厚重感。

（9）用 84 号（　　）、83 号（　　）马克笔加重花束的颜色，增强花束的空间立体感。

（10）用 54 号（　　）马克笔进一步绘制叶子的暗部，用 GG3 号（　　）马克笔绘制花盆的颜色，再用 BG5 号（　　）马克笔绘制地面的阴影，以增强画面的空间层次，完成绘制。

5.2 山石水景

建筑设计手绘中山石和水都是非常重要的角色。我国自然山水园林建筑大都具有“无园不山、无园不石、叠石为山、山石融合、诗情画意、妙极自然”的特点，凝聚了自然山川之美的山石，大大增强了园林空间的山林情趣。山石和水总是相互映衬的，在建筑设计中，它们具有点缀空间的作用。

5.2.1 石块表现

山石是建筑景观设计表现中的重要因素，不同的山石有着不同的形态特征。山石的种类有很多，常见的景观石有太湖石、钟乳石、岩石、蘑菇石、自然石头、人工假山、自然远山等。石头主要分布于水池湖边、道路边、绿荫林地等处，这些石头在景观园林中增强了景观的趣味性。绘制石块时要记住“石分三面”，勾画石块的轮廓时要画出左、右、上三个面体，这样石块就有了体积感。

范例一

【绘制步骤】

（1）用铅笔绘制石头与配景植物大概的外形轮廓，确定画面的构图。

（2）在铅笔稿的基础上用勾线笔勾出植物的轮廓线，注意叶子的穿插关系，用线要流畅、自然。

（3）继续用勾线笔绘制石头的外形轮廓线，注意用线要肯定。

（4）用橡皮擦去画面中多余的线条，保持画面整洁。

（5）继续绘制石块的细节，用排列的线条绘制石块的暗部，确定石块的明暗关系。

（6）用 59 号（　）马克笔绘制植物的第一层颜色。

（7）用 BG1 号（　）马克笔绘制石块的第一层颜色，注意亮部要有适当的留白。

（8）继续用 46 号（　）马克笔绘制植物的第二层颜色，再用 BG3 号（　）马克笔加重石块的暗部颜色，以增强石块的空间立体感。

（9）用 55 号（ ）马克笔加重植物的暗部颜色，用 407 号（ ）彩色铅笔绘制石块的亮部，再用 466 号（ ）、461 号（ ）彩色铅笔绘制画面的背景颜色，调整画面，完成绘制。

▶ 范例二 ◀

【绘制步骤】

（1）用铅笔绘制出石块大概的外形轮廓线。

（2）继续用铅笔绘制石块的结构细节，再用排列的线条绘制石块的暗部，增强石块的空间立体感。

（3）用勾线笔在铅笔稿的基础上绘制石块与植物准确的外形轮廓线，注意用线的流畅性。

（4）用橡皮擦去画面中多余的线条，保持画面整洁。

（5）用 GG3 号（ ）马克笔绘制石块的第一层颜色。

（6）继续用 BG5 号（ ）马克笔绘制石块的第二层颜色。

（7）用 167 号（ ）、58 号（ ）和 34 号（ ）马克笔绘制石块周围植物的颜色，完成绘制。

5.2.2 水景表现

水景也是建筑设计重要的因素之一。水在自然界中有着不同的形态，如缓缓流畅的溪水，平静如镜的湖水，倾泻的瀑布，但不论是哪种形态都体现出水的灵动之美。对于水景的绘制，要根据画面的具体情况来定。一般都用单线表现水景，最好的处理方式是采用留白或者线条疏密有序地排列。

▶ 范例一 ◀

【绘制步骤】

（1）用铅笔绘制水景小品大体的外形轮廓线，表现出小品基本的形态特征。

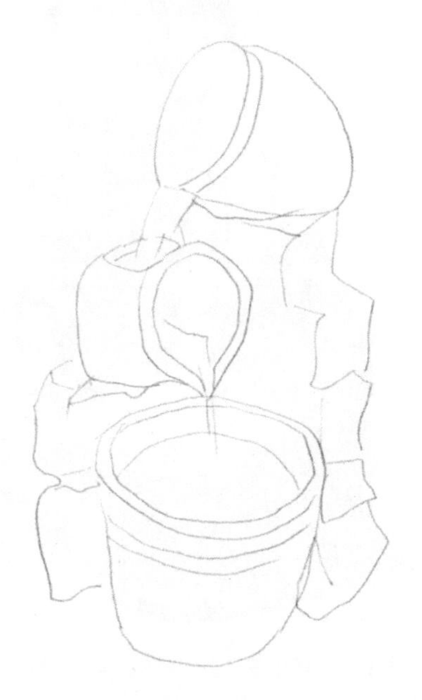

（2）在铅笔稿的基础上用勾线笔绘制小品的外形轮廓线。

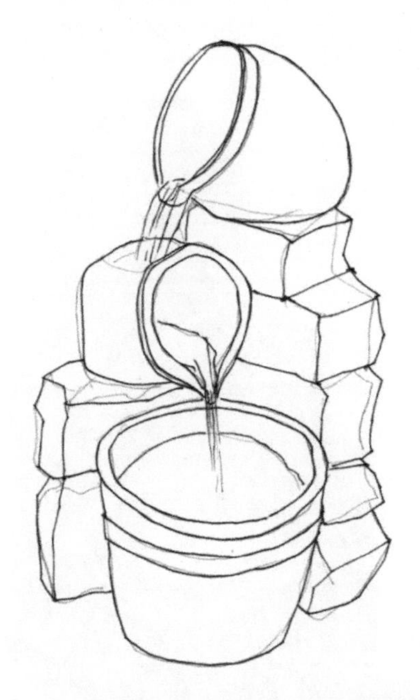

（3）用橡皮擦去画面中多余的线条，保持画面整洁。

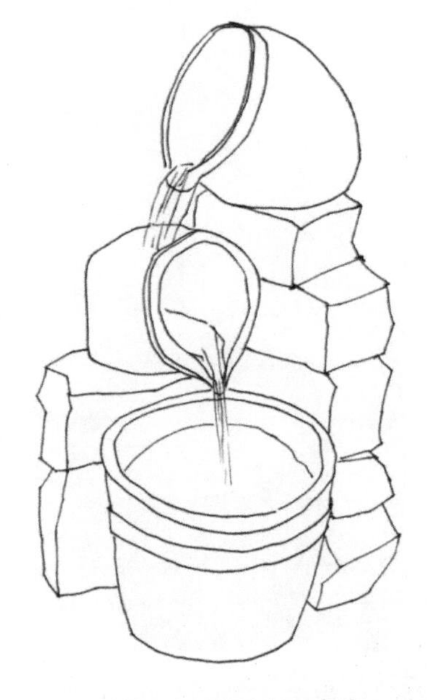

（4）继续绘制水景小品的结构细节，用排列的线条绘制暗部，确定画面的明暗关系。

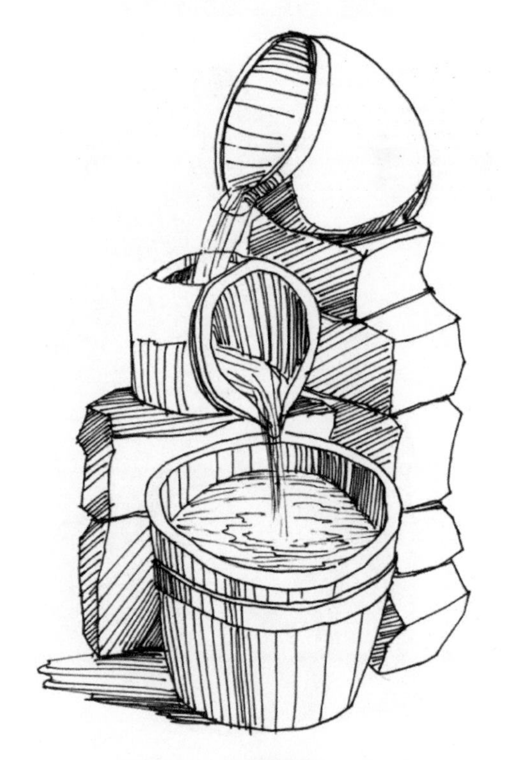

（5）用41号（ ）马克笔绘制水罐的第一层颜色。

（6）继续用25号（ ）马克笔绘制水罐的第二层颜色与石头的亮部颜色，再用WG3号（ ）马克笔绘制水罐里面的暗部。

（7）用WG6号（ ）马克笔加重石块与水罐里面的暗部以及地面的阴影颜色，再用487号（ ）彩色铅笔绘制石块亮部与暗部衔接处的颜色。

（8）用179号（ ）马克笔绘制流水的第一层颜色，再用447号（ ）、449号（ ）和487号（ ）彩色铅笔丰富流水的颜色，完成水景的绘制。

▶ 范例二 ◀

【绘制步骤】

（1）用铅笔绘制水景大体的外形轮廓线，表现出水景基本的形态特征。

（2）在铅笔稿的基础上用勾线笔绘制流水与周围植物的外形轮廓，注意直线与曲线的运用。

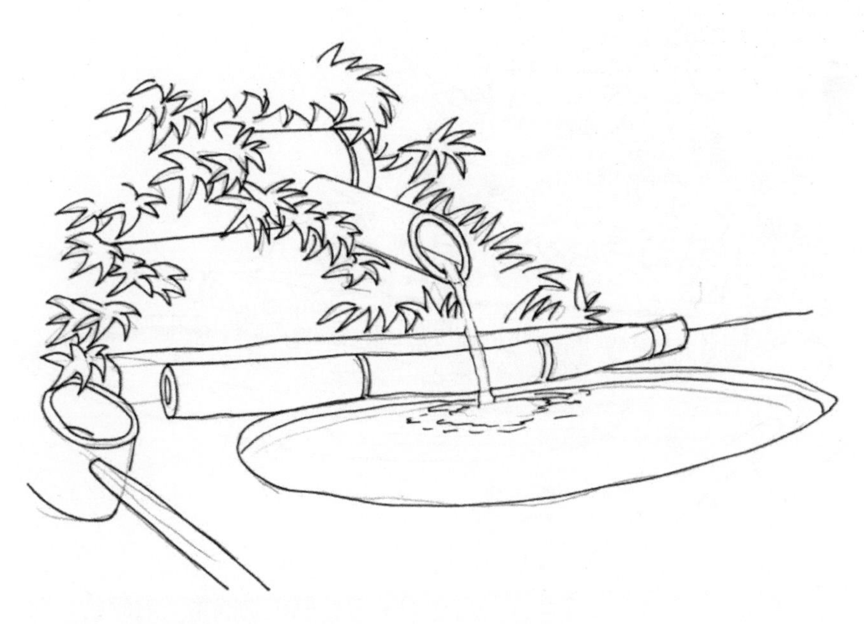

（3）用橡皮擦去画面中多余的线条，保持画面整洁。

（4）仔细绘制植物与水面的细节，用排列的线条绘制画面的暗部与水面的纹理，确定画面的明暗关系，以增强画面的空间层次感，注意用线要流畅。

（5）用59号（　）、167号（　）马克笔绘制植物的第一层颜色。

（6）用 67 号（ ）马克笔绘制水面的第一层颜色，再用 25 号（ ）马克笔绘制地面的第一层颜色。

（7）用 56 号（ ）马克笔绘制植物的暗部，再用 42 号（ ）马克笔绘制竹竿暗部的颜色。

（8）用 61 号（ ）马克笔加重水面的颜色，再用 107 号（ ）马克笔加重地面暗部的颜色，完成画面的绘制。

5.2.3 山石水景的综合表现

山石坚硬，水景柔美，山石水景的组合表现在建筑设计手绘中，使画面更加生动，更具有浓烈的自然气息。

【绘制步骤】

（1）用铅笔绘制底稿，勾画出石头与配景植物大概的外形轮廓，确定画面的构图。

（2）在铅笔稿的基础上用勾线笔绘制石块与植物的外形轮廓线，注意用笔要肯定，用线要流畅。

（3）用橡皮擦去画面中多余的线条，保持画面整洁。

（4）继续绘制流水的形态，注意用线要轻盈，以表现出水的柔美特征；用排列的线条绘制石块的暗部，表现出石块的体积感，注意线条的排列与疏密关系的表现。

（5）用 GG3 号（ ）马克笔绘制石块的第一层颜色，注意马克笔笔触的变化。

（6）首先绘制植物的颜色，用 167 号（ ）马克笔绘制植物的第一层颜色，用 58 号（ ）、48 号（ ）马克笔绘制植物的第二层颜色，再用 56 号（ ）马克笔加重植物的暗部。

（7）用 67 号（ ）马克笔绘制水面的第一层颜色，注意亮部要适当留白。

（8）继续用 61 号（ ）马克笔加重水面的颜色，用 141 号（ ）、147 号（ ）马克笔与 451 号（ ）彩色铅笔丰富水面的颜色。

（9）用 BG5 号（ ）马克笔加重石块的暗部颜色，再用 451 号（ ）彩色铅笔仔细刻画水面，调整画面，完成绘制。

5.3 交通工具的表现

交通工具在手绘表现中也是常见的配景内容，一般包括汽车、摩托车、自行车、竹筏、船舶等。作画时根据实际情况及画面的需要，添加或删减一些交通工具，以烘托画面主体，强调画面场景气氛。

5.3.1 船只

当建筑设计靠着河道的时候，或者靠着湖泊时，在手绘表现时可以适当画一些竹筏、船舶等，以增强画面的气氛。手绘者在作画的过程中，要把握它们的主要特征进行绘制。

【绘制步骤】

（1）用勾线笔绘制船只大概的外形轮廓线。

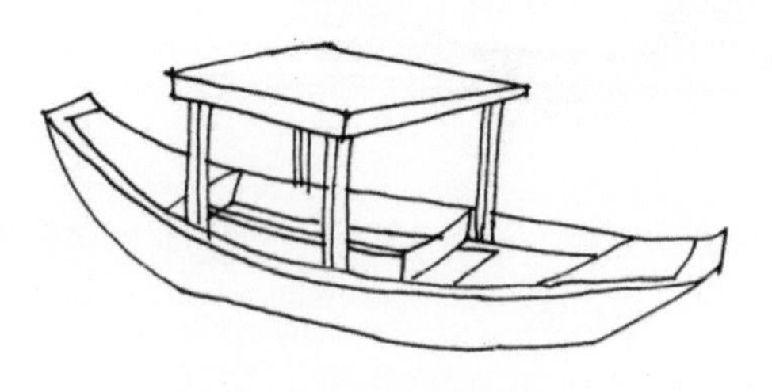

（2）继续用勾线笔绘制船只的结构细节，注意线条之间的透视关系。

（3）用勾线笔继续绘制船只的暗部。

（4）绘制船只在水面的倒影，注意线条的排列方向与疏密关系的表现。

船只表现

5.3.2 车辆

汽车的种类很多，也是手绘中最常见的交通工具配景。交通工具手绘的重点在于把握好基本结构及透视变化，用线要干脆利落，注意交通工具的透视与画面主体的透视要协调一致、比例适当。

【绘制步骤】

（1）用铅笔绘制车辆大概的外形轮廓，可以把汽车看成简单的几何体。

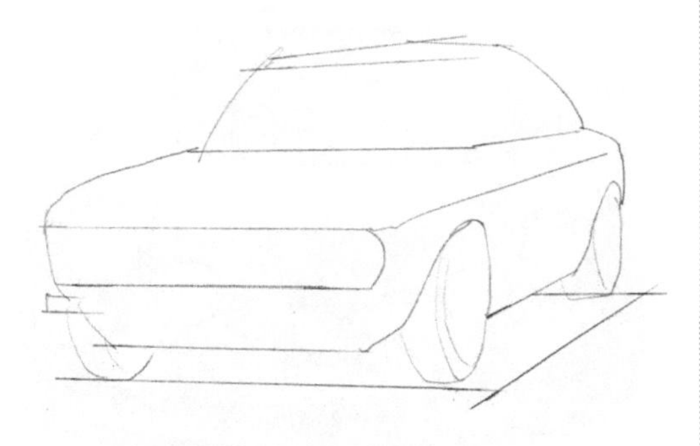

（2）继续用铅笔绘制汽车的结构细节，注意线条的透视关系。

（3）在铅笔稿的基础上用勾线笔绘制汽车准确的外形轮廓线。

（4）用橡皮擦去画面中多余的线条，保持画面整洁。

（5）仔细刻画汽车的细节，用排列的线条绘制汽车的暗部与地面的阴影。

（6）用 GG3 号（ ）马克笔绘制汽车的第一层次的颜色，注意对马克笔笔触的运用。

(7) 用36号（ ）、179号（ ）马克笔与449号（ ）彩色铅笔绘制汽车玻璃及车灯的颜色。

（8）用GG3号（ ）、GG5号（ ）马克笔加重汽车暗部的颜色，再用499号（ ）彩色铅笔加重汽车的暗部。

(9) 用499号（ ）、451号（ ）、487号（ ）彩色铅笔绘制地面的阴影，再用499号（ ）彩色铅笔加重车轮暗部的颜色；整体调整画面，完成绘制。

车辆表现

5.4 人物

人物是建筑设计手绘表现中不可缺少的部分，在手绘的效果图中配上各种姿态的人物，可以使手绘画面表现更加生动感人、活灵活现，生活气息浓厚，也可使画面具有特定的环境效果。

5.4.1 单体人物

人物表现时应注意人体的比例，人体各部位比例要协调，人物的动作不要过大，姿态要端庄稳重。注意过多的单体人物会使画面零散、生硬。

▶ 范例一 ◀

【绘制步骤】

（1）用铅笔绘制人物大概的外形轮廓线。

（2）用铅笔进一步刻画人物的外形轮廓线，注意对人物结构特征的表现。

（3）用勾线笔在铅笔稿的基础上绘制人物确定的外形轮廓线，注意用线要肯定、流畅；用橡皮擦去画面中多余的线条，保持画面整洁。

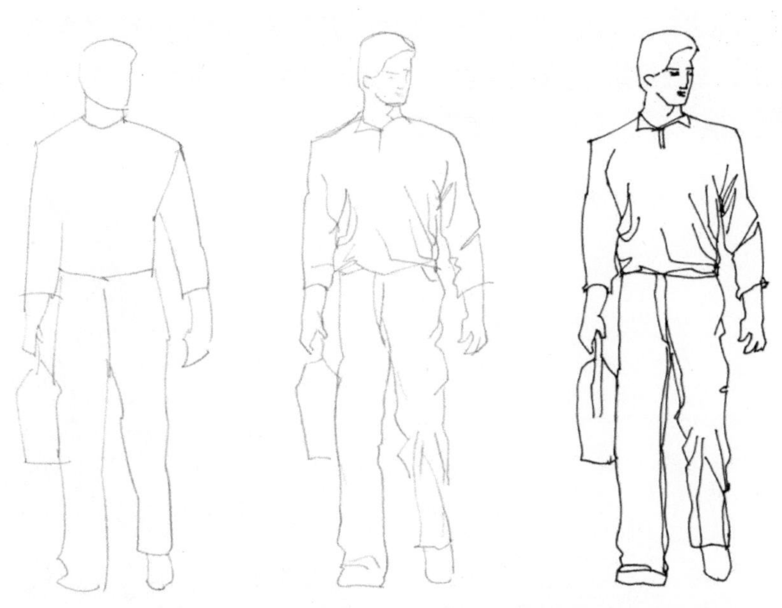

（4）用勾线笔进一步刻画人物的细节，注意对衣服纹理与褶皱的表现。

（5）用 145（ ）马克笔绘制人物头发的颜色，再用 141（ ）马克笔绘制人物的肤色，注意亮部的留白。

（6）用 164 号（ ）马克笔绘制上衣的颜色，用 179 号（ ）马克笔绘制裤子的颜色，再用CG3号（ ）马克笔绘制手提包与地面的阴影，完成绘制。

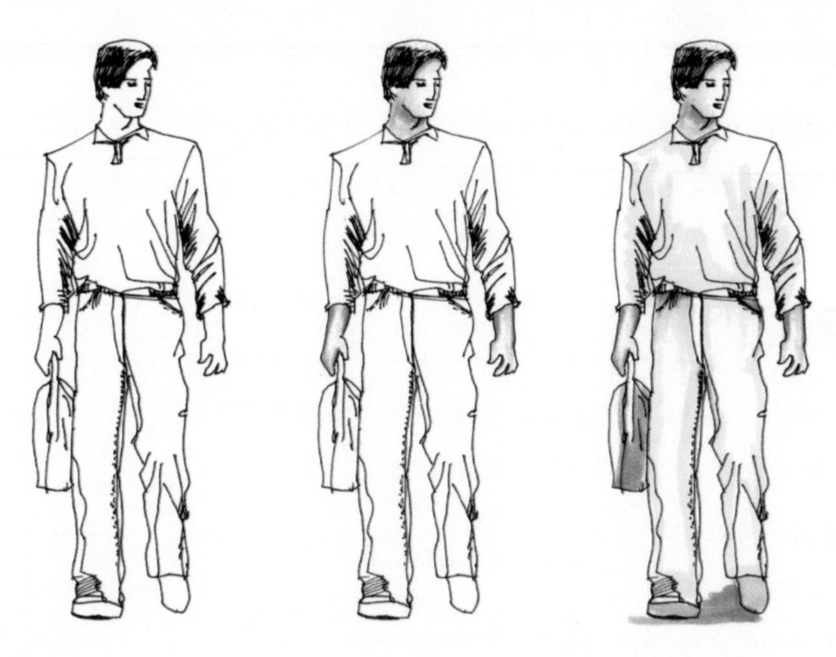

范例二

【绘制步骤】

（1）用铅笔绘制人物大概的外形轮廓线。

（2）用铅笔进一步刻画人物的外形轮廓线，注意对人物结构特征的表现。

（3）用勾线笔在铅笔稿的基础上绘制人物确定的外形轮廓线，注意用线要肯定、流畅；用橡皮擦去画面中多余的线条，保持画面整洁。

（4）用勾线笔进一步刻画人物的细节，注意对衣服褶皱纹理的表现。

（5）用 18 号（ ）、34 号（ ）马克笔绘制人物头发的颜色，再用 141 号（ ）马克笔绘制人物的肤色。

（6）用 66 号（ ）、37 号（ ）马克笔绘制背包，用 77 号（ ）马克笔绘制裙子与鞋子，再用 CG3 号（ ）马克笔绘制地面阴影，完成绘制。

人物表现

5.4.2 组合人物

成群人物的表现能够烘托画面的气氛，可以概括人物轮廓，简单地表现人群的状态。注意过多的群体人物会使画面繁杂，不利于层次的体现。

【绘制步骤】

（1）用铅笔绘制群体人物大概的外形轮廓。

（2）用勾线笔绘制人物确定的外形轮廓线，注意用笔要流畅，用线要肯定。

（4）用16号（ ）、67号（ ）和95号（ ）马克笔加重人物的颜色。

（3）用107号（ ）、134号（ ）和144号（ ）马克笔绘制人物的颜色。

（5）用103号（ ）、43号（ ）马克笔绘制人物的暗部颜色，再用WG6号（ ）马克笔绘制阴影，完成绘制。

人物表现

5.5 道路铺装的表现

建筑铺装的材料有很多种，一般常见的有大理石铺装、木质地板铺装、青石板铺装、马赛克铺装、鹅卵石铺装等。

5.5.1 卵石地面

【绘制步骤】

(1) 用铅笔绘制花盆与道路大概的轮廓，确定画面的构图，注意对画面透视关系的表现。

(2) 按照从左至右的作画原理，在铅笔稿的基础上用勾线笔绘制画面左边的盆景植物，注意用线要自然流畅。

（3）往右方依次绘制卵石铺装的道路，绘制时注意近大远小的透视关系。

（4）继续用“m”型线条绘制草坪，注意对疏密关系的表现。

（5）用橡皮擦去画面中多余的线条，保持画面整洁。

（6）仔细绘制画面的细节，用排列的线条加重画面的暗部，以确定画面的明暗关系，增强画面的空间层次感，注意用线要流畅。

（7）用 59 号（　　）马克笔绘制植物的第一层颜色，注意对马克笔扫笔笔触的运用。

（8）用 GG1 号（ ）马克笔绘制卵石铺路的第一层颜色，再用 25 号（ ）马克笔绘制花盆的第一层颜色。

（9）用 124 号（ ）、147 号（ ）和 44 号（ ）马克笔绘制花朵的颜色，再用 46 号（ ）马克笔绘制植物的第二层颜色。

（10）用 88 号（ ）、83 号（ ）马克笔加重花朵的颜色，用 55 号（ ）马克笔加重叶子暗部的颜色，用 GG5 号（ ）马克笔加重卵石暗部的颜色，再用 21 号（ ）马克笔与 492 号（ ）彩色铅笔加重花盆暗部的颜色。

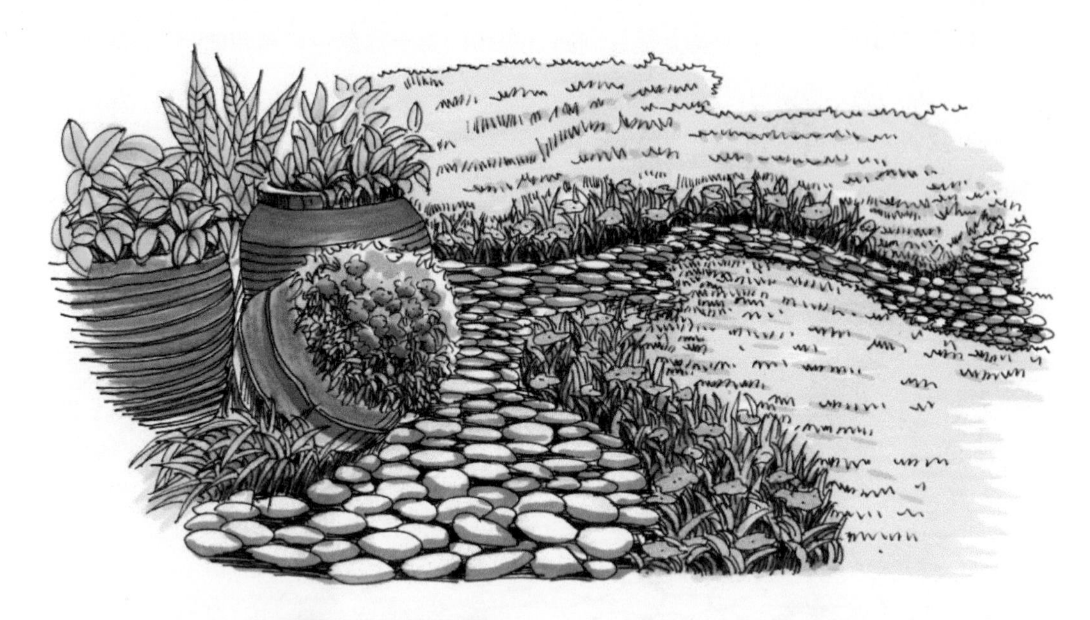

（11）用434号（ ）、453号（ ）和454号（ ）彩色铅笔绘制背景天空的颜色，以丰富画面的空间层次感，注意彩色铅笔颜色的渐变与过渡；整体调整画面，完成绘制。

5.5.2 小青砖地面

【绘制步骤】

（1）用铅笔绘制植物与道路大概的轮廓，确定画面的构图，注意对画面透视关系的表现。

（2）在铅笔稿的基础上绘制青石砖铺装与植物的轮廓线，注意用线要肯定、流畅。

（3）用橡皮擦去画面中多余的线条，保持画面整洁。

（4）仔细绘制植物与铺装的细节，用排列的线条加重画面的暗部，确定画面的明暗关

系，以增强画面的空间层次感，注意对疏密关系的表现。

（5）用 59 号（ ）马克笔绘制植物的第一层颜色。

（6）用 46 号（ ）马克笔绘制植物的第二层颜色，再用 GG1 号（ ）马克笔绘制青石板的暗部。

（7）用 124 号（ ）马克笔绘制草丛的亮部颜色，再用 GG3 号（ ）马克笔加重青石板暗部的颜色。

（8）用 55 号（ ）、54 号（ ）马克笔加重植物暗部的颜色，再用 167 号（ ）马克笔绘制背景植物的颜色。

（9）用 46 号（ ）马克笔快速扫笔加重草坪的颜色，再用 84 号（ ）马克

笔丰富画面的色彩，活跃画面的气氛；整体调整画面，完成绘制。

5.5.3 木质地面

【绘制步骤】

（1）用铅笔绘制铺装与周围环境大概的轮廓，确定画面的构图，注意对画面透视关系的表现。

（2）在铅笔稿的基础上用勾线笔绘制木质铺装的结构线，注意用线要准确、肯定。

（3）继续绘制铺装周围的配景植物，注意用线要自然、流畅。

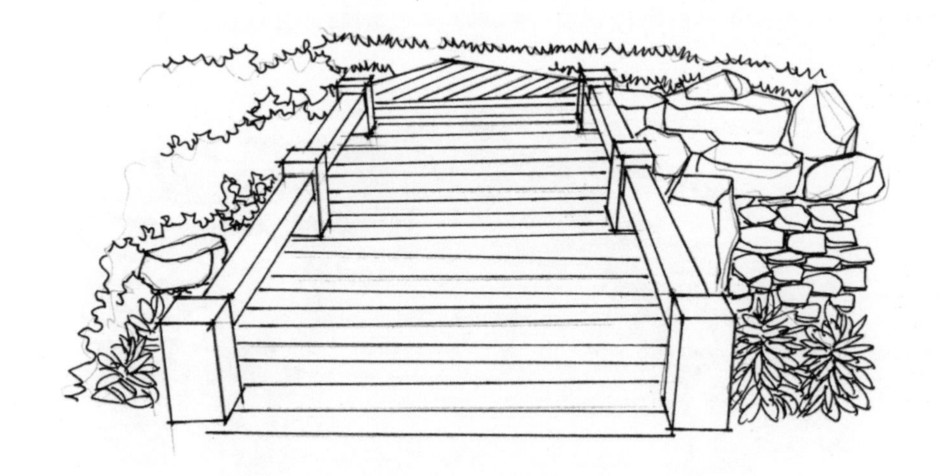

（4）用橡皮擦去画面中多余的线条，保持画面整洁。

（5）仔细绘制画面的细节，用排列的线条加重画面的暗部，确定画面的明暗关系，以增强画面的空间层次感，注意对疏密关系的表现。

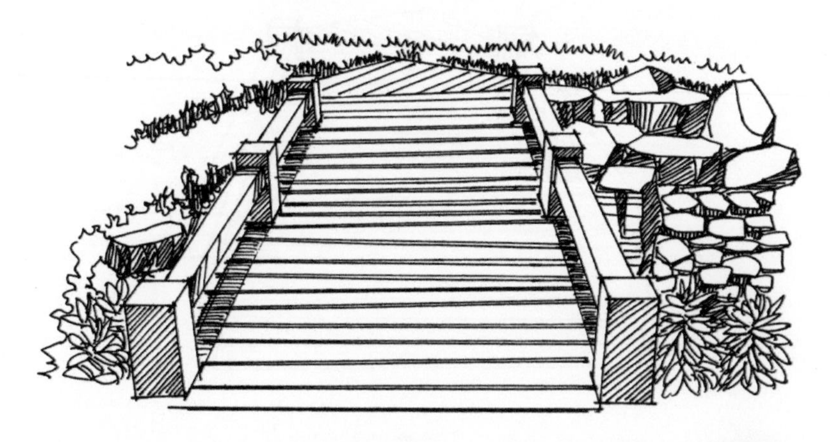

（6）用 59 号（　　）马克笔绘制植物的第一层颜色，用 103 号（　　）马克笔绘制木质铺装的第一层颜色，再用 GG3 号（　　）马克笔绘制石块的第一层颜色。

（7）用 46 号（　　）马克笔绘制植物的第二层颜色，再用 93 号（　　）马克笔加重木质铺装的颜色。

（8）用 34 号（ ）马克笔绘制植物与铺装亮部的颜色，再用 GG5 号（ ）马克笔加重石块暗部的颜色。

（9）用 54 号（ ）马克笔加重植物暗部的颜色，用 8 号（ ）马克笔丰富画面的色彩，再用 449 号（ ）、425 号（ ）绘制背景天空，以加强画面的空间层次感；整体调整画面，完成绘制。

5.6 天空的表现

天空是建筑手绘表现不可缺少的因素之一，天空的大小决定了画面上下取景的内容。以地面为主的画面可以缩小天空的面积，绘制时采用留白的形式，这样与地面的绘制形成鲜明的对比，突出了主题；以天空为主的画面缩小了地面上物象的面积，绘制时加强对地面的刻画，适当细致地刻画天空的云朵，局部留白，与地面物象形成对比，可以加强画面的空间感。

【绘制步骤】

（1）用铅笔绘制画面中建筑物大体的轮廓，确定画面的构图，注意对画面透视关系的表现。

（2）用铅笔进一步绘制建筑的结构线，表现出建筑的体块感，并适当添加远景。

（3）在铅笔稿的基础上绘制建筑准确的结构线、远景天空与植物的轮廓线，以增强画面的空间层次感。

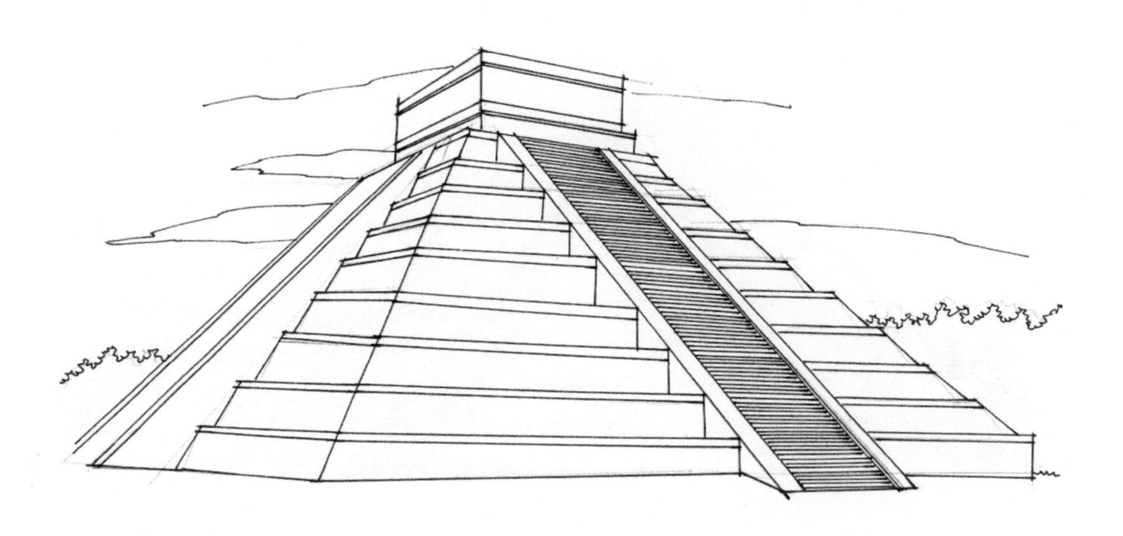

（4）用橡皮擦去画面中多余的线条，保持画面整洁。

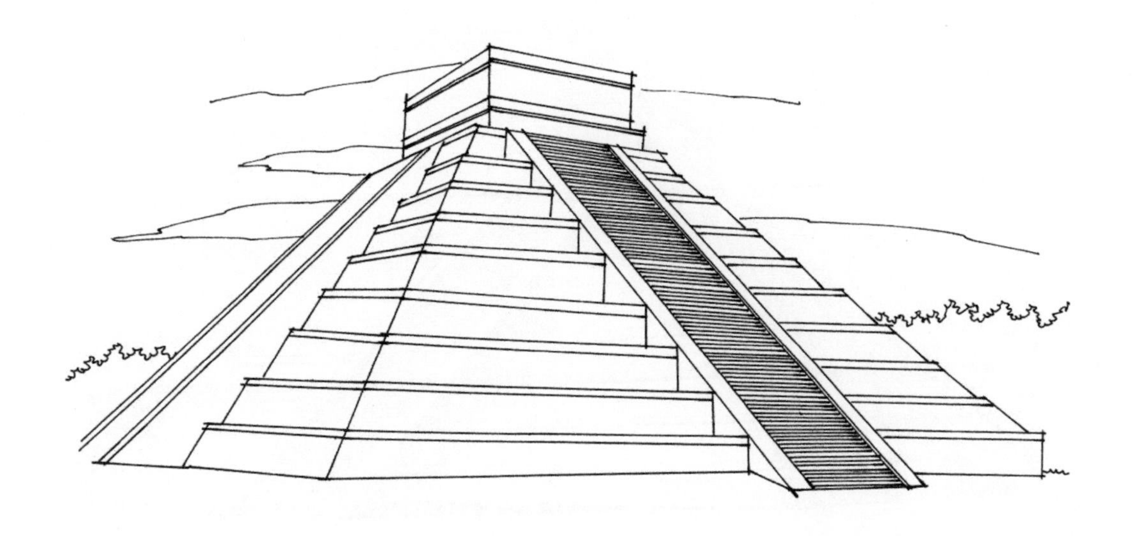

（5）用排列的线条绘制建筑的暗部，表现出画面的明暗关系，以增强画面的厚重感，注意线条的排列方向。

（6）用447号（ ）、454号（ ）彩色铅笔绘制背景天空的第一层颜色，注意彩色铅笔笔触的排列方向。

（7）继续用 451 号（　　）、454 号（　　）彩色铅笔绘制天空的颜色，以加强画面的空间层次感，注意彩色铅笔颜色的渐变与过渡，完成画面天空的绘制。

5.7 远山的表现

山是自然形成的高出地面的一块高地，离地面高度通常在 100 米以上，包括低山、中山与高山。自然的远山景象，大多是由许多座山连在一起形成的山脉，有着高低的起伏，姿态十分优美。

【绘制步骤】

（1）用铅笔绘制画面中远山大体的轮廓，确定画面的构图，注意对画面透视关系的表现。

（2）按照从前至后的作画原理，在铅笔稿的基础上用勾线笔绘制近景植物的轮廓线，注意对不同植物的表现。

（3）继续往后绘制远景植物，表现出植物大体的形态特征即可，注意不同植物的表现方法。

（4）接着绘制远山，用排列的线条表现山的暗部，注意用线要自然、流畅。

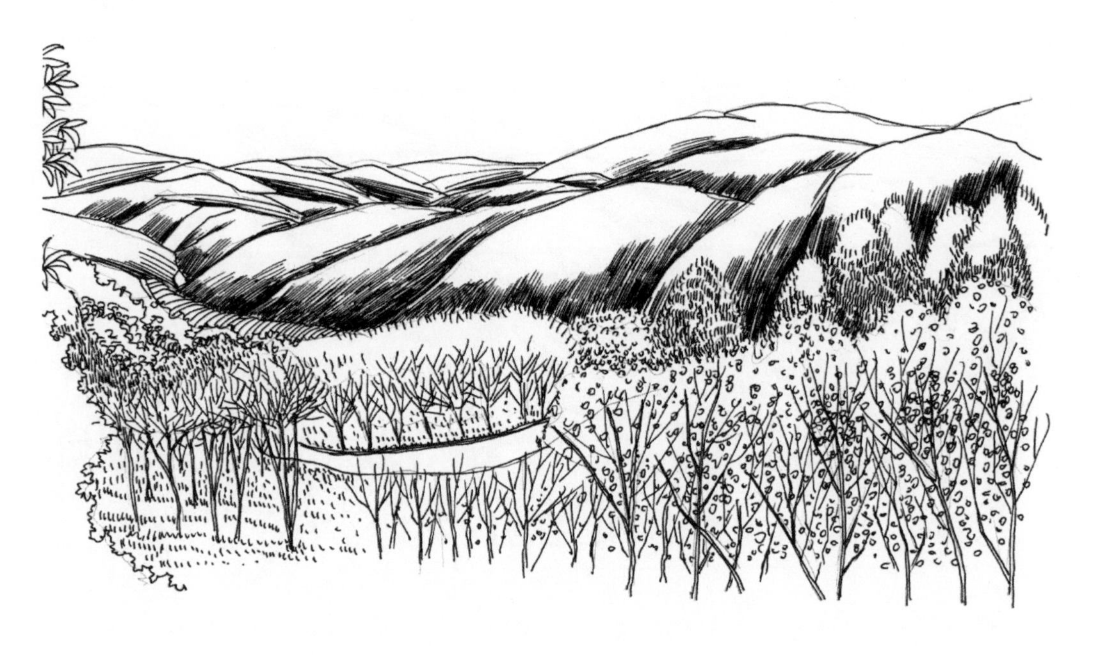

（5）用橡皮擦去画面中多余的线条，保持画面整洁。

（6）用 147 号（　）、48 号（　）马克笔绘制近景植物的第一层颜色。

（7）用59号（ ）、144号（ ）马克笔绘制远山与远景植物的第一层颜色。

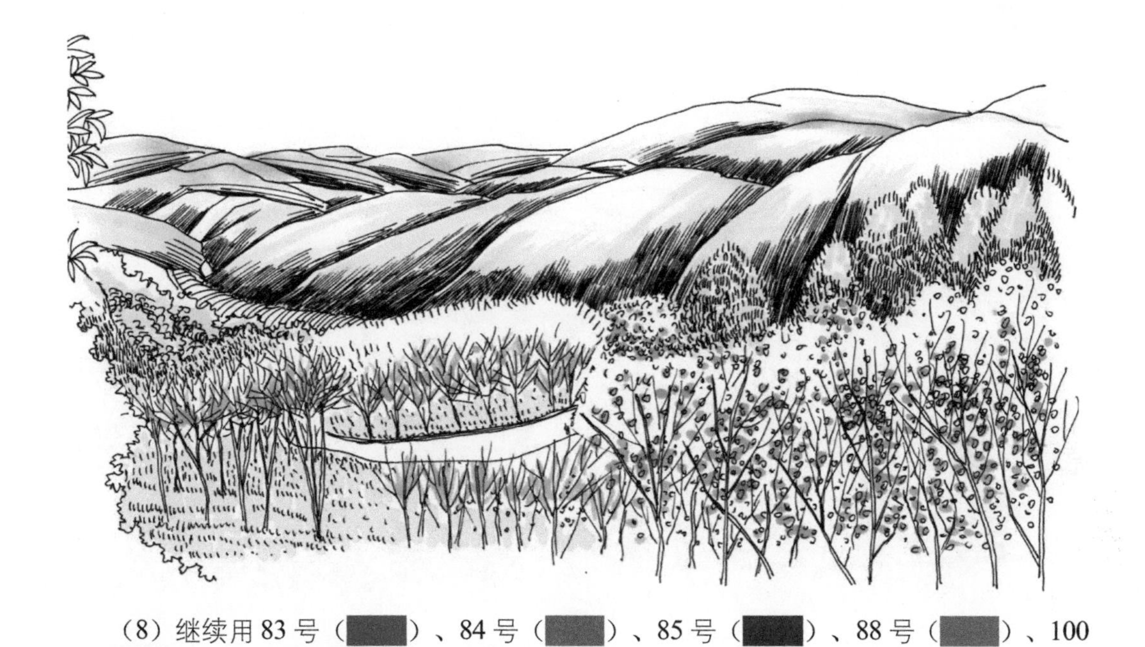

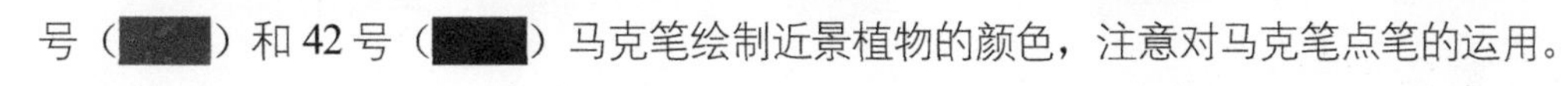

（8）继续用83号（ ）、84号（ ）、85号（ ）、88号（ ）、100号（ ）和42号（ ）马克笔绘制近景植物的颜色，注意对马克笔点笔的运用。

（9）接着用34号（ ）、23号（ ）马克笔绘制近景植物的颜色，再用46号（ ）、55号（ ）马克笔绘制远山暗部的颜色，注意马克笔笔触的变化与颜色的过渡。

（10）继续用124号（ ）马克笔绘制远山亮部的颜色，再用57号（ ）、65号（ ）马克笔继续绘制远山的颜色，注意画面的颜色不要涂得太死。

（11）用 44 号（ ）马克笔绘制近景植物亮部的颜色，用 WG3 号（ ）马克笔绘制近景路面的颜色，用 144 号（ ）马克笔绘制天空的第一层颜色，继续用 451 号（ ）、454 号（ ）彩色铅笔绘制天空的颜色，注意颜色的渐变；整体调整画面，完成绘制。

5.8 课后练习

1. 学习并了解建筑设计周围环境的配景元素。

2. 绘制示例图片的手绘图。

建筑设计局部的表现包括不同材质的墙面、不同风格的屋顶与门窗结构等，所以建筑局部的手绘练习对提高建筑整体手绘效果图的表现十分重要。

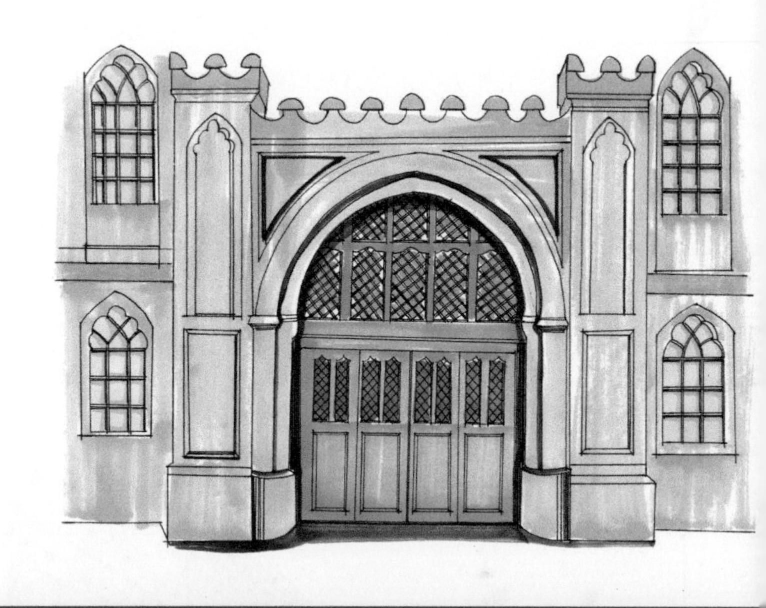

第6章 建筑设计局部手绘表现

6.1 建筑墙面

建筑墙面是建筑表现的主要部分，墙是建筑的主体，墙面直接影响建筑的外观与周围环境的面貌。墙面的种类有很多，如砖墙、石墙、土墙、木墙、玻璃墙等。

6.1.1 红砖墙面

建筑中的红砖墙面随处可见，它体现一种接近自然的气息。红色具有很强的装饰性，使建筑更加突出。用线条描绘砖的轮廓时可以自由随意些，表面的粗糙可以用点来表现砖的机理。

【绘制要点】

- 主要把握砖块墙面的结构特征，掌握画面整体的透视关系，注意画面中前后物体之间穿插的关系等。
- 整体比例关系要准确，画面的色调要和谐统一。
- 学会利用留白形式完善画面的构图，丰富画面的内容，并加强画面的空间层次感。

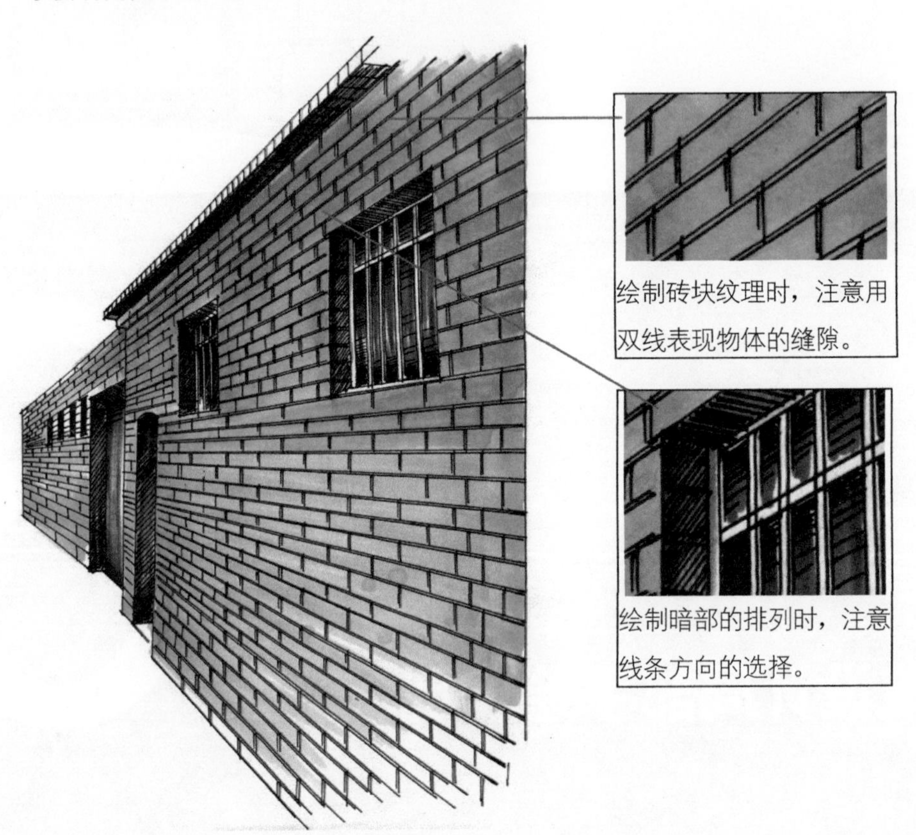

【绘制步骤】

（1）用铅笔绘制出墙体大概的外形轮廓，注意对透视关系的表现。

（2）继续用铅笔绘制墙面的细节，注意砖块纹理近大远小的透视关系。

（3）用勾线笔在铅笔稿的基础上绘制墙面的结构线。

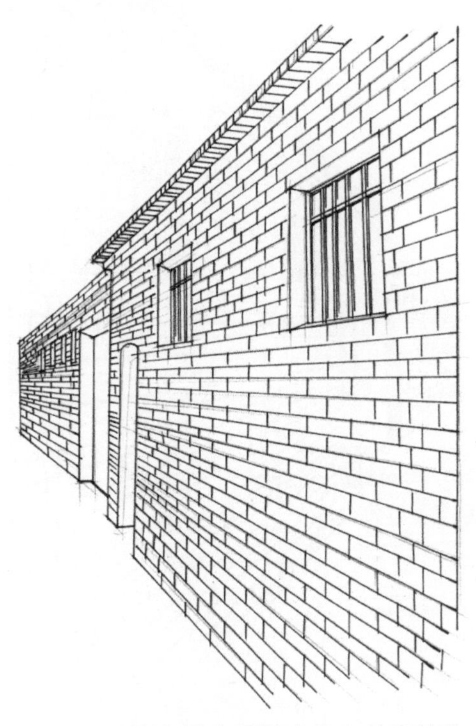

（4）用橡皮擦去画面中多余的铅笔线，保持画面的整洁。

（5）继续用勾线笔刻画墙面的细节与暗部，注意线条的排列与疏密关系。

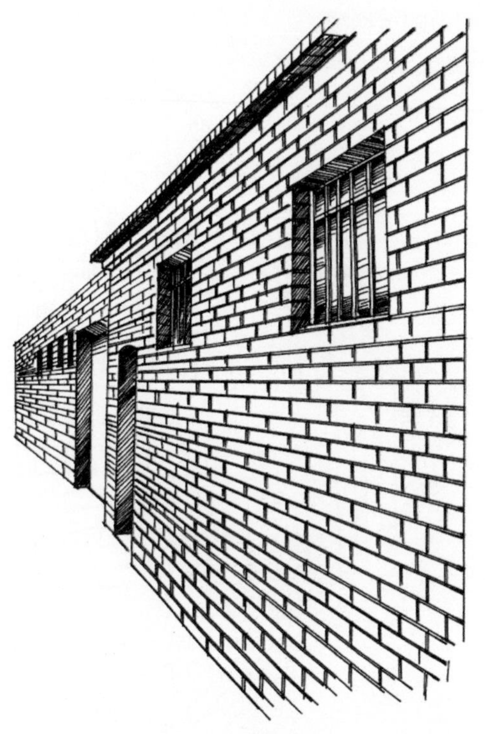

（6）用140号（ ）马克笔绘制墙面的第一层颜色。

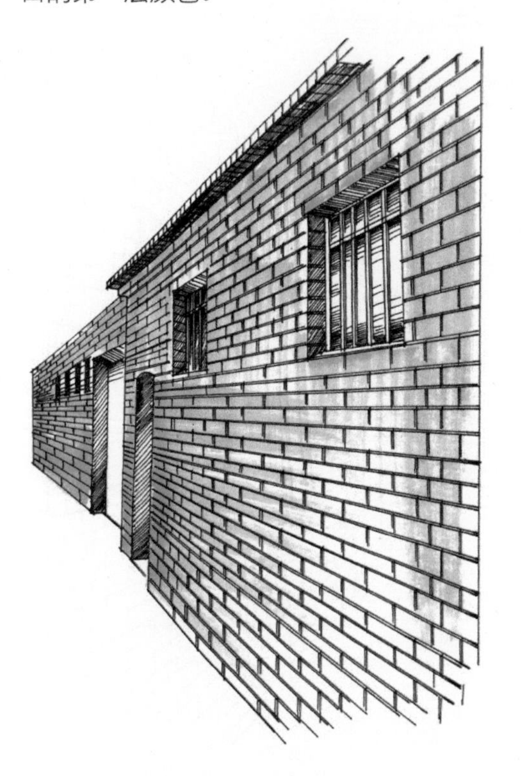

（7）用9号（ ）马克笔绘制墙面的第二层颜色，注意颜色的渐变与过渡。

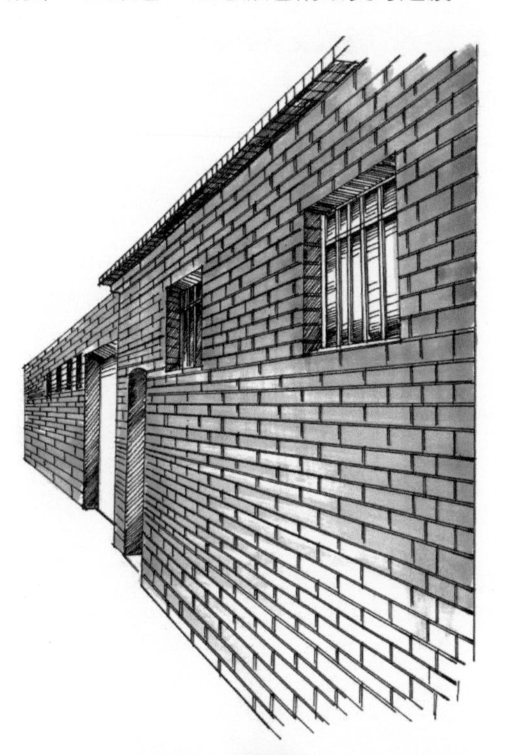

（8）用WG6号（ ）马克笔绘制窗户、门与屋檐暗部的颜色。

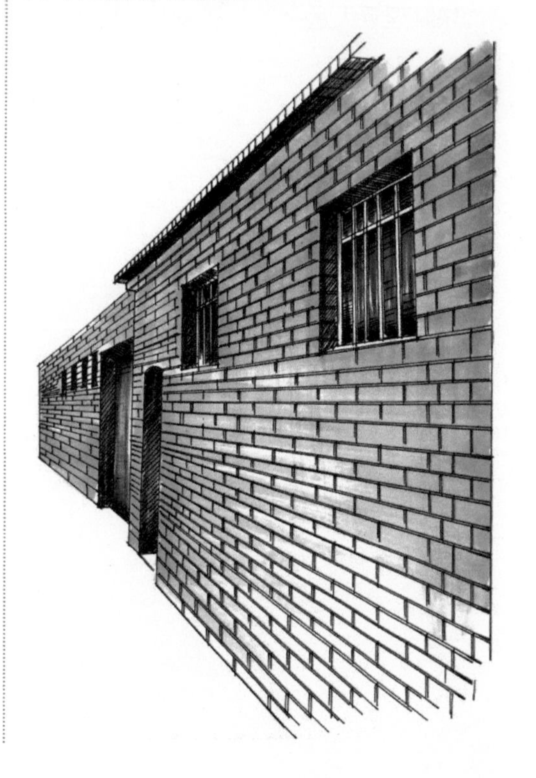

（9）用 147 号（ ）马克笔丰富近处砖块的颜色，完成红砖墙面的绘制。

6.1.2 木屋墙面

木材墙面的应用给人一种自然美的享受，在中国古代的建筑中，木材墙面有着不可替代的地位。尤其是在中国古镇的一些建筑中，木材都作为墙面的主要材料。

【绘制要点】

- 主要把握木质墙面的结构特征，掌握画面整体的透视关系，注意画面中前后物体之间穿插的关系等。
- 整体比例关系要准确，画面的色调要和谐统一。
- 学会利用留白形式完善画面的构图，丰富画面的内容，并加强画面的空间层次感。

【绘制步骤】

(1)用铅笔绘制出木屋大概的外形轮廓，确定画面的构图，注意对画面透视关系的表现。

（2）继续用铅笔绘制木屋建筑的纹理细节。

（3）在铅笔稿的基础上，用勾线笔绘制建筑的结构线，注意用线要流畅、肯定。

（4）继续用勾线笔绘制植物的轮廓线，注意曲线的流畅性。

（5）用橡皮擦去画面中多余的铅笔线，保持画面的整洁。

（6）用排列的线条绘制建筑的暗部，以增强建筑的体积感，注意对线条的排列方向与疏密关系的表现。

（7）用 GG3 号（ ）马克笔绘制建筑屋顶的第一层颜色，可以采用马克笔平涂的笔触。

（8）用 107 号（ ）马克笔绘制建筑墙面的第一层颜色。

（9）继续用 97 号（ ）、93 号（ ）马克笔加重建筑墙面暗部的颜色，再用 WG3 号（ ）马克笔绘制建筑屋檐的颜色。

（10）用 GG5 号（　　）马克笔建筑屋顶的颜色，再用 172 号（　　）、167 号（　　）马克笔绘制背景植物的颜色；调整画面，完成绘制。

6.1.3 石块墙面

石块墙面的绘制主要表现出石块的特征，下图对局部墙面的绘制搭配了藤本植物、铁窗，表现出一种宁静的情调。

【绘制要点】

- 主要把握石块墙面的结构特征，表现墙面的主题风格，掌握画面整体的透视关系，注意画面中前后物体之间穿插的关系等。
- 整体比例关系要准确，画面的色调要和谐统一。
- 学会利用留白形式完善画面的构图，丰富画面的内容，并加强画面的空间层次感。

绘制远景植物，注意马克笔点笔笔触的运用要随意，表现植物要自然。

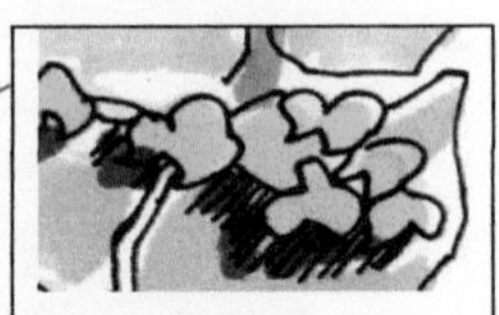

注意明暗关系的对比，表现出叶子的厚度感。

【绘制步骤】

（1）用铅笔绘制出墙面石块与植物叶子大概的外形轮廓，注意对透视关系的表现。

（2）按照从左至右的作画原理，用勾线笔绘制画面左边植物与墙面的轮廓线。

（3）继续往右绘制墙面石块与植物叶子的轮廓线，注意用线要流畅、自然。

（4）用橡皮擦去画面中多余的铅笔线，保持画面的整洁。

（5）继续绘制画面的细节纹理，用排列的线条绘制画面的暗部，以增强画面的空间体积感。

（6）用 36 号（ ）、25 号（ ）马克笔绘制墙面的第一层颜色，可以采用马克笔平涂的笔触。

（7）用 172 号（ ）、9 号（ ）马克笔绘制植物的第一层颜色，再用 56 号（ ）马克笔绘制植物叶子的第二层颜色。

(8) 用 77 号（ ）、144 号（ ）和 GG3 号（ ）马克笔绘制窗户的第一层颜色。

(9) 用 54 号（ ）、84 号（ ）马克笔绘制植物暗部的颜色，用 GG5 号（ ）马克笔绘制窗户暗部的颜色，再用 WG4 号（ ）马克笔绘制墙面暗部的颜色；调整画面，完成绘制。

6.2 屋顶

屋顶是建筑物外部的顶盖，是建筑的构成元素之一。屋顶的形式有很多种，不同的地区根据气候的差异而有所不同。东西方的建筑屋顶就存在着很大的差异。

6.2.1 欧式屋顶

欧式建筑的屋顶与中国传统的屋顶有着明显的差异，在外形上欧式大多是圆顶、尖塔等形状。

【绘制要点】

- 主要把握建筑屋顶的结构特征，表现欧式的主题风格，掌握画面整体的透视关系，注意画面中前后物体之间穿插的关系等。
- 整体比例关系要准确，画面的色调要和谐统一。
- 学会利用留白形式完善画面的构图，丰富画面的内容，并加强画面的空间层次感。

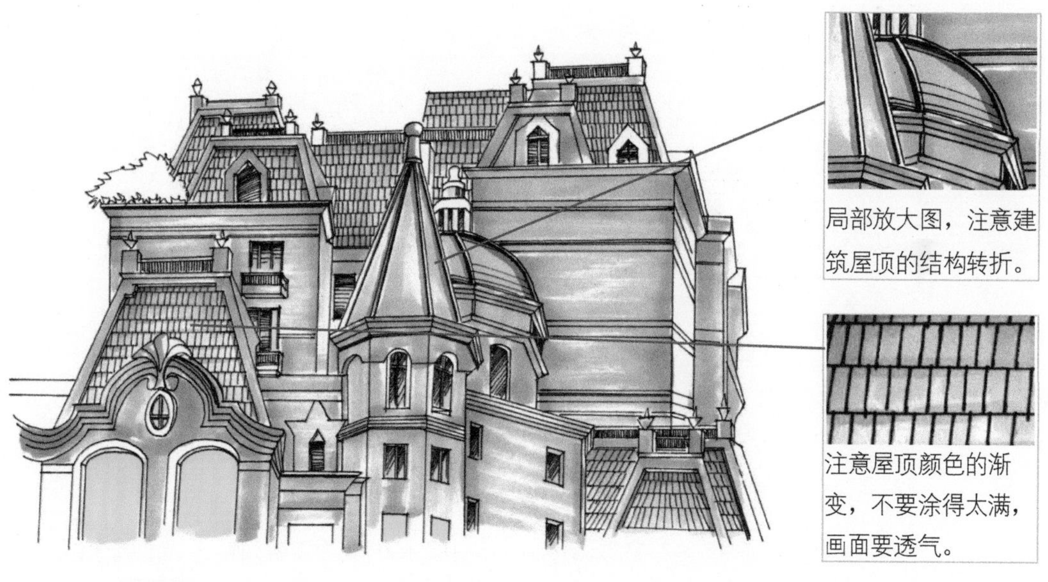

【绘制步骤】

（1）用铅笔绘制出建筑屋顶大概的外形轮廓，注意建筑前后之间的位置关系。

(2) 继续用铅笔绘制建筑的结构细节，注意建筑体块关系的表现与结构的转折。

（3）在铅笔稿的基础上绘制出建筑准确的结构线，注意用线要肯定、流畅。

（4）用橡皮擦去多余的铅笔线，保持画面的整洁。

（5）继续刻画建筑的细节结构，用排列的线条绘制建筑的暗部，以增强画面的空间立体感。

（6）用 144 号（ ）、GG3 号（ ）马克笔绘制建筑屋顶的第一层颜色。

（7）用 WG3 号（ ）马克笔绘制建筑墙面的第一层颜色，可以采用马克笔平涂的笔触。

（8）用 179 号（ ）马克笔绘制窗户玻璃的颜色，再用 76 号（ ）、GG5 号（ ）马克笔加重建筑屋顶的颜色，注意颜色的过渡；调整画面，完成绘制。

6.2.2 中式屋顶

中式传统的屋顶表现，瓦片是它在建筑手绘中的一个亮点，也是一个难点。大面积的瓦片错综复杂，作画的时候需要耐心绘制。

【绘制要点】

- 主要把握屋顶的结构特征，表现中式的主题风格，掌握画面整体的透视关系，注意画面中前后物体之间穿插的关系等。
- 整体比例关系要准确，画面的色调要和谐统一。
- 学会利用留白形式完善画面的构图，丰富画面的内容，并加强画面的空间层次感。

【绘制步骤】

（1）用铅笔绘制出建筑屋顶大概的外形轮廓，注意对画面的透视关系的表现。

（2）继续绘制建筑屋顶的结构细节，注意线条的排列方向。

（3）在铅笔稿的基础上用勾线笔绘制建筑屋顶的结构线，注意用线要肯定、流畅。

（4）用橡皮擦去画面中多余的铅笔线，保持画面的整洁。

（5）继续绘制屋顶的结构细节，用短小的曲线绘制屋顶的瓦片，注意不要画得太满，要有疏密关系的表现。

（6）用 CG1 号（ ）马克笔绘制画面建筑的第一层颜色。

（7）用 CG4 号（ ）马克笔加重建筑屋顶的颜色，注意马克笔颜色的渐变。

（8）继续用 CG6 号（ ）马克笔加重建筑屋顶暗部的颜色，以增强画面的空间立体感；整体调整画面，完成绘制。

6.3 门窗

门窗是建筑造型的重要组成部分，它们的形状、尺寸、比例、色彩、造型等对建筑的整体形状都有很大的影响。门窗的种类很多，根据材质的不同可以分为木质门窗、铁门窗、玻璃门窗等，根据风格的不同可分欧式、中式等。

6.3.1 欧式门窗

曲线是欧式风格里的典型代表特征，在欧式的门窗设计中，曲线的设计发挥得淋漓尽致。门窗中的花纹把弯曲线条的柔性和铁的刚性，巧妙地结合在一起。在作画的过程中，不要过于强调曲线的柔美而画得太柔软，应根据具体情况而定。

【绘制要点】

- 主要把握门窗的结构特征，表现欧式的主题风格，掌握画面整体的透视关系。
- 整体比例关系要准确，画面的色调要和谐统一。
- 学会加强明暗关系的对比，丰富画面的内容，并加强画面的空间层次感。

【绘制步骤】

（1）用铅笔绘制出建筑门窗大概的外形轮廓线。

（2）继续用铅笔绘制建筑门窗的架构细节，表现出欧式建筑的结构特征。

（3）在铅笔稿的基础上用勾线笔绘制出建筑准确的结构线，注意用线要流畅、自然。

（4）用橡皮擦去画面中多余的铅笔线，保持画面的整洁。

（5）继续压重画面暗部的结构线，以增强画面的空间立体感。

（6）用 107 号（ ）、WG3 号（ ）和 CG6 号（ ）马克笔绘制木门的颜色，可以采用马克笔平涂的笔触。

（7）用 25 号（ ）马克笔绘制墙体的第一层颜色，注意采用马克笔竖向的笔触。

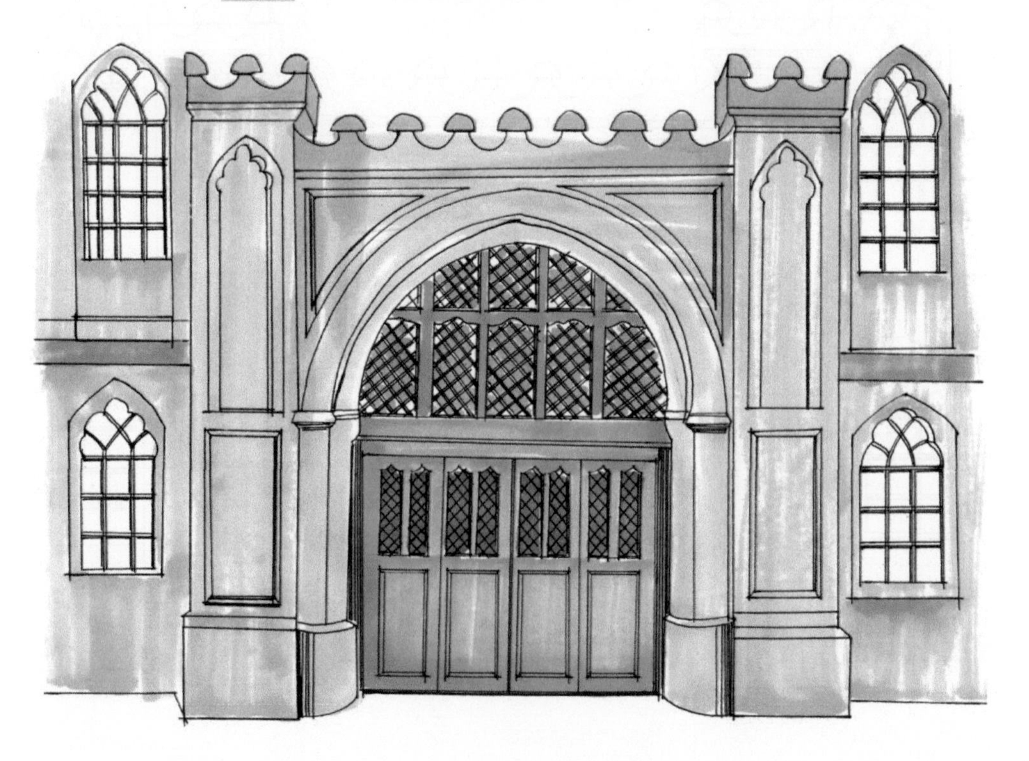

（8）用 144 号（ ）马克笔绘制窗户玻璃的颜色，再用 76 号（ ）马克笔加重窗户暗部的颜色，以增强画面的立体感。

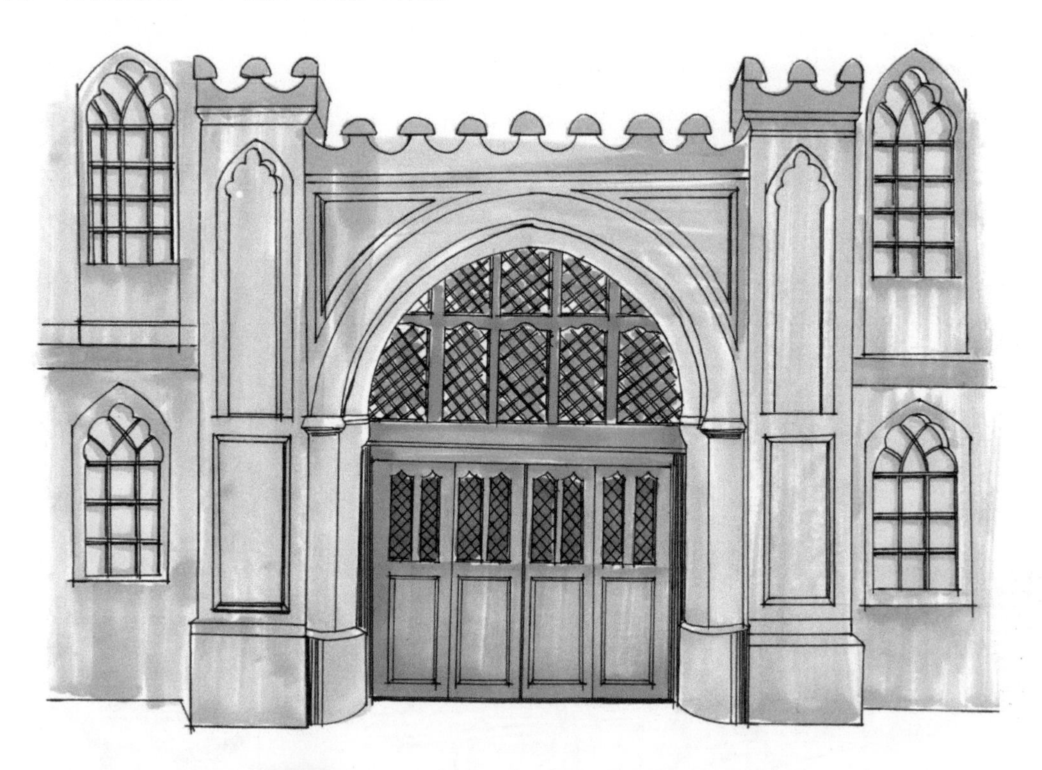

（9）用 WG6 号（ ）马克笔绘制画面的阴影，同时调整画面，完成绘制。

6.3.2 中式门窗

木质门窗在中国传统的建筑中是比较常见的，在作画的过程中要把握好木材的质感，大的明暗关系，要与主体建筑保持一致。

【绘制要点】

- 要把握门窗的结构特征，表现中式的主题风格，掌握画面整体的透视关系。
- 整体比例关系要准确，画面的色调要和谐统一。
- 学会利用留白形式完善画面的构图，丰富画面的内容，并加强画面的空间层次感。

局部放大图，注意局部细节厚度的表现。

局部放大图，注意门窗细节结构的表现。

【绘制步骤】

（1）用铅笔绘制出建筑门窗大概的外形轮廓线。

（2）继续绘制门窗的细节结构，表现中式门窗的结构特征。

（3）在铅笔稿的基础上用勾线笔绘制建筑的结构线，注意用线要肯定、流畅。

（4）用橡皮擦去画面中多余的铅笔线，保持画面的整洁。

（5）继续绘制建筑门窗的细节结构，用排列的线条绘制画面的暗部，注意对线条的排列与疏密关系的表现。

（6）用 107 号（ ）马克笔绘制木质建筑的第一层颜色，可以采用马克笔平涂的笔触。

（7）用 76 号（ ）马克笔绘制门窗玻璃的颜色，再用 93 号（ ）马克笔加重门的暗部颜色。

（8）用 WG3 号（　）马克笔绘制建筑墙体的颜色，注意马克笔笔触的变化；调整画面，完成绘制。

6.4 课后练习

1. 掌握建筑局部不同材质的表现。

2. 绘制示例图片的手绘效果图。

建筑设计平面图、立面图、剖面图与鸟瞰图也是手绘表现中经常的表现形式，也是设计方案中必须掌握的手绘表现图。

第7章 建筑设计平面图、立面图、剖面图及鸟瞰图

7.1 平面图中植物的表现

植物是手绘配景中常见的内容，其作用在于烘托场景气氛，使画面更加丰富。植物的表现具有很强的可变性，在画面中显得多变而不会单一乏味。植物的画法有很多种，主要是抓住植物的形态特征，不需要过细地描绘植物物种。普通植物的表现形式都是比较概括的，简单而含蓄。

7.1.1 树木类

在手绘平面图中乔木多采用圆形，圆形内的线可依树种特色绘制。根据不同的表现手法，树的平面图可以分为下面几种。

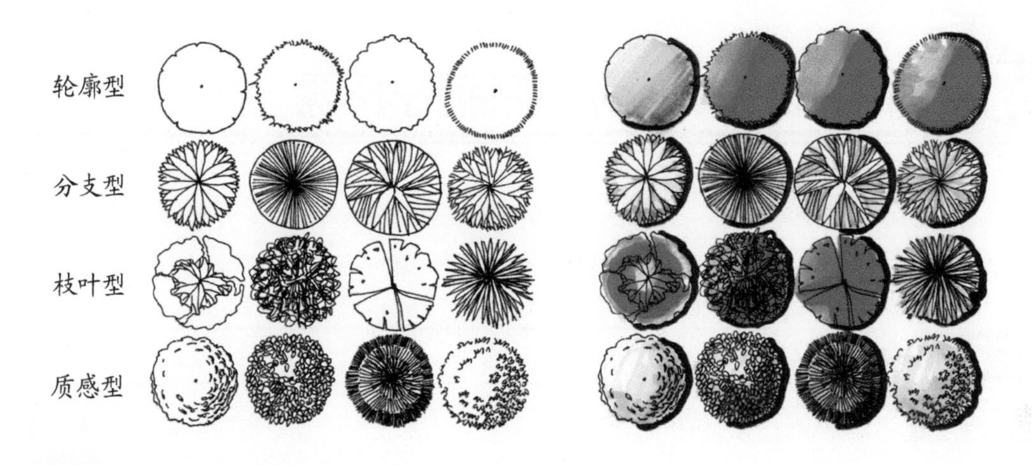

7.1.2 树阵与树群

树阵与树群的平面图表现形式一般比较自由，手绘时的效果图常以成片的形式表现。树阵与树群在画面中有一种不很明确的内容形式，是真正意义上的点缀。

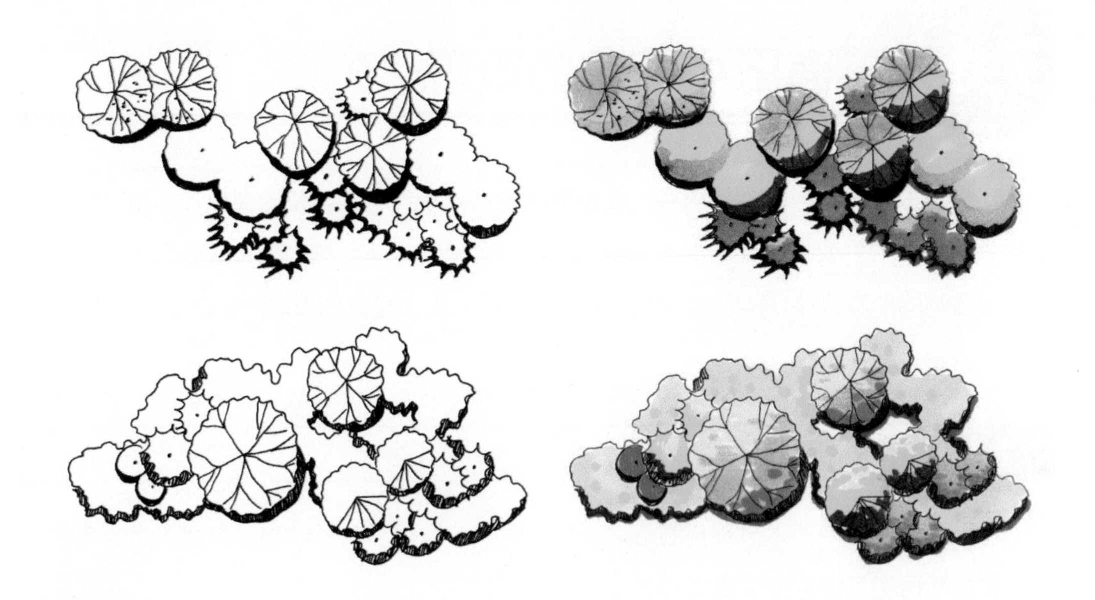

7.2 建筑设计综合平面图表现

绘制建筑设计平面图时，主要把握植物与建筑主体的综合表现。平面图上色主要采用马克笔平涂的笔触，把握画面色调的谐和与统一。

7.2.1 别墅平面图

别墅的平面图设计一般包括游泳池，花园景观，加上一个私家庭院的景观设计。注意庭院中布置各种花草树木与休憩观赏的场所的位置关系。

【绘制步骤】

（1）用铅笔勾出别墅、游泳池的外形轮廓与位置关系，确定画面幅面的大小。

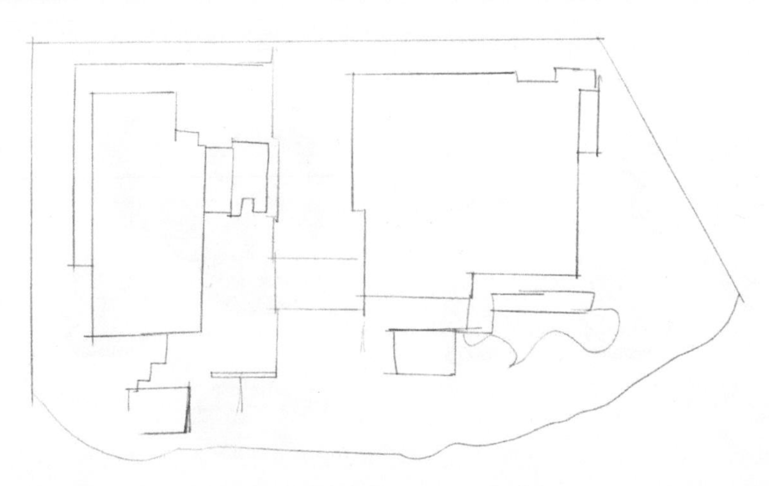

（2）继续用铅笔绘制植物与地面铺装的细节纹理，注意表现出植物的位置关系。

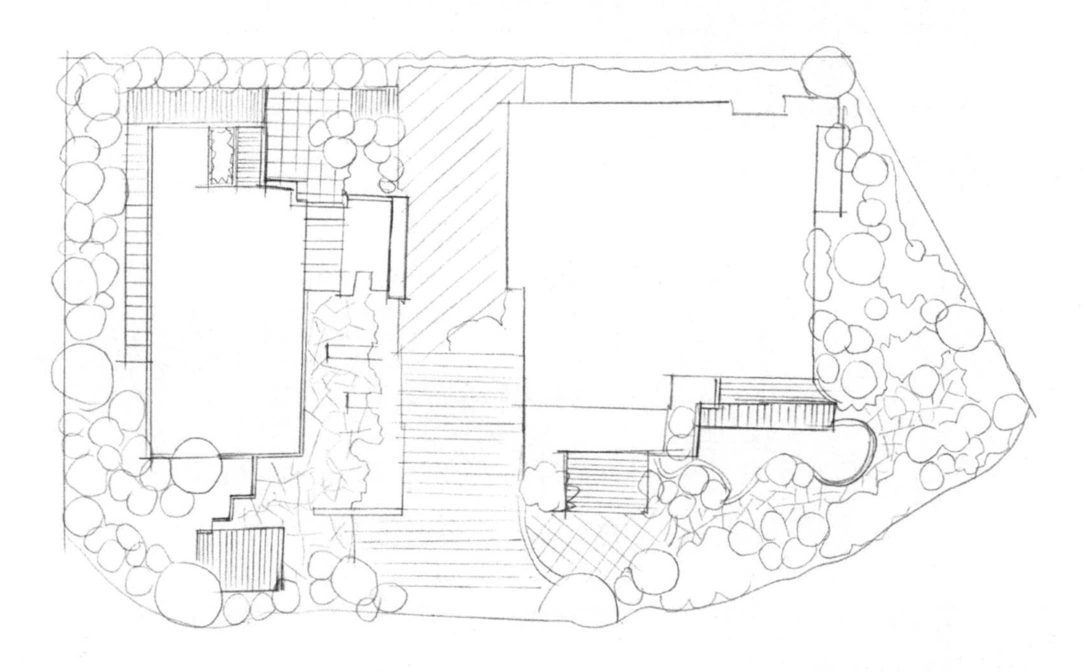

（3）用勾线笔在铅笔稿的基础上绘制建筑、植物、地面铺装的结构线，注意用线要自然、肯定。

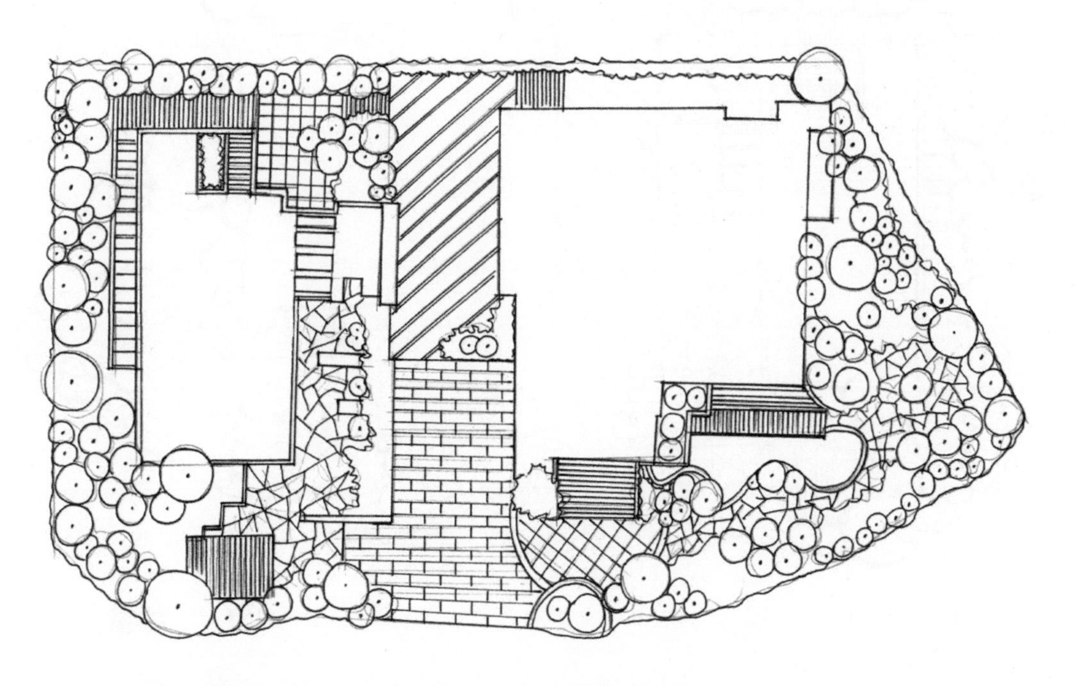

（4）用橡皮擦去画面中多余的铅笔线，保持画面的整洁。

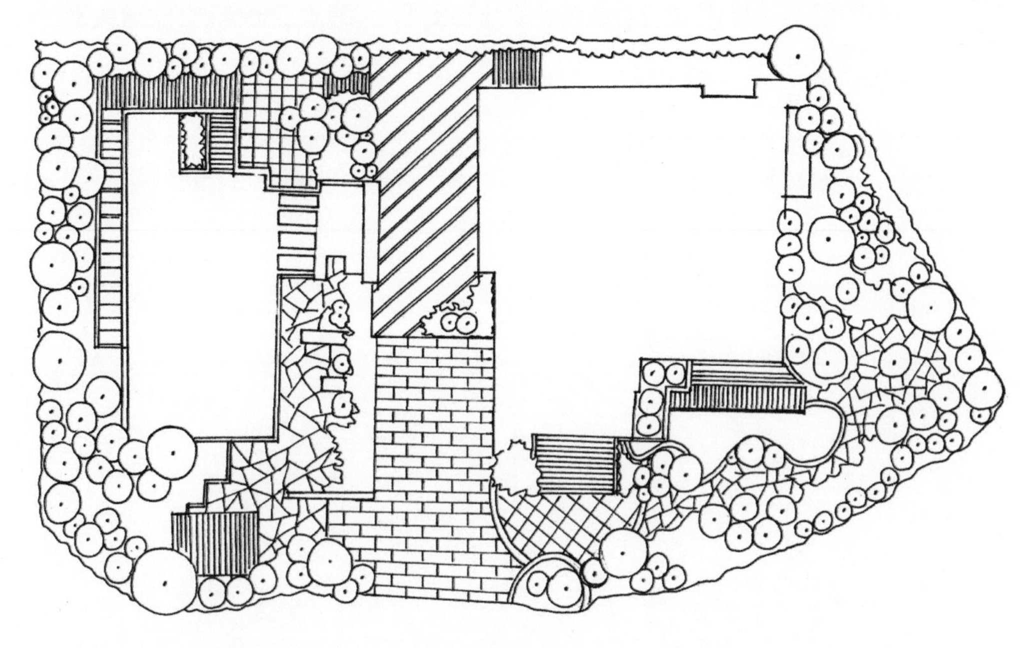

（5）继续加重平面图的暗部，确定画面的明暗关系。平面图也要表现出一定的立体感，注意阴影关系的表现。

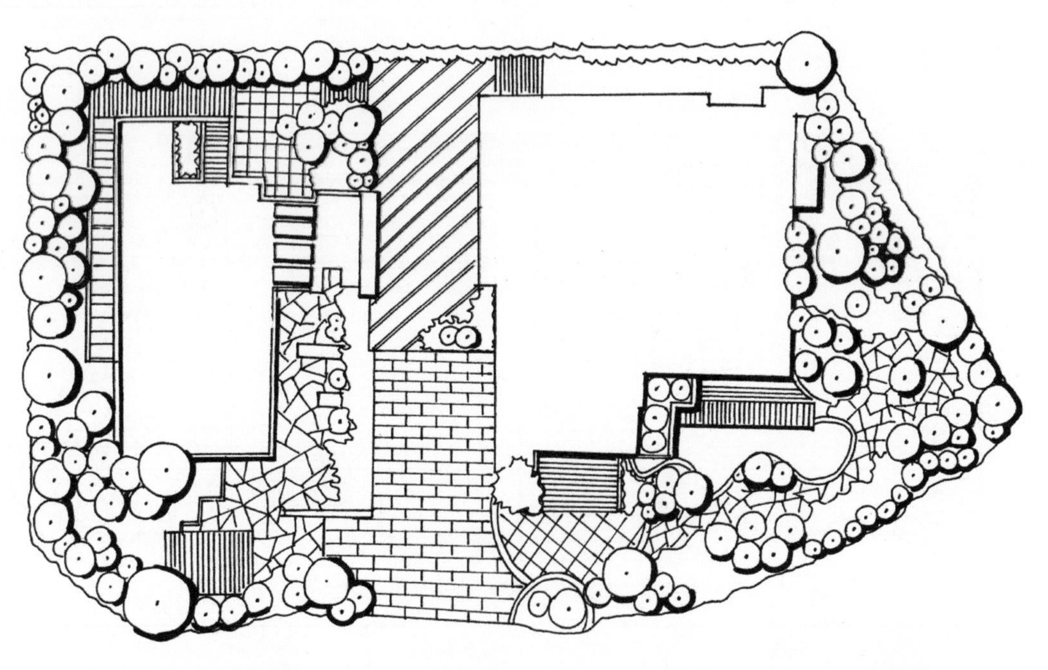

（6）用 140 号（ ）、25 号（ ）、137 号（ ）和 107 号（ ）马克笔绘制不同材质的铺装颜色。

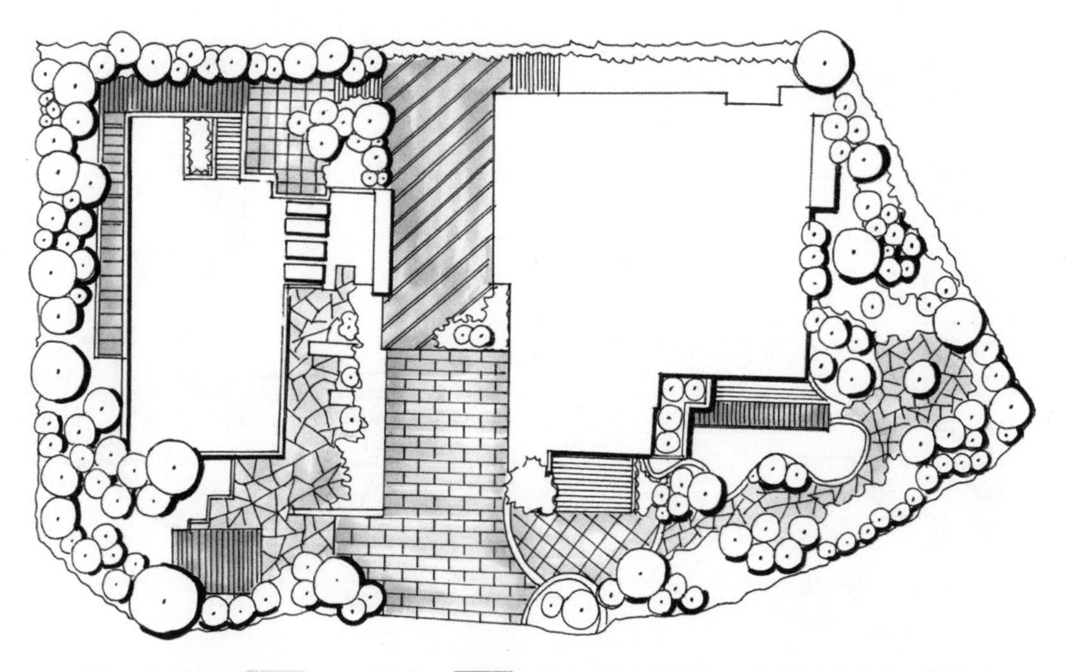

（7）用 48 号（ ）、147 号（ ）马克笔绘制灌木与地被植物的第一层颜色。

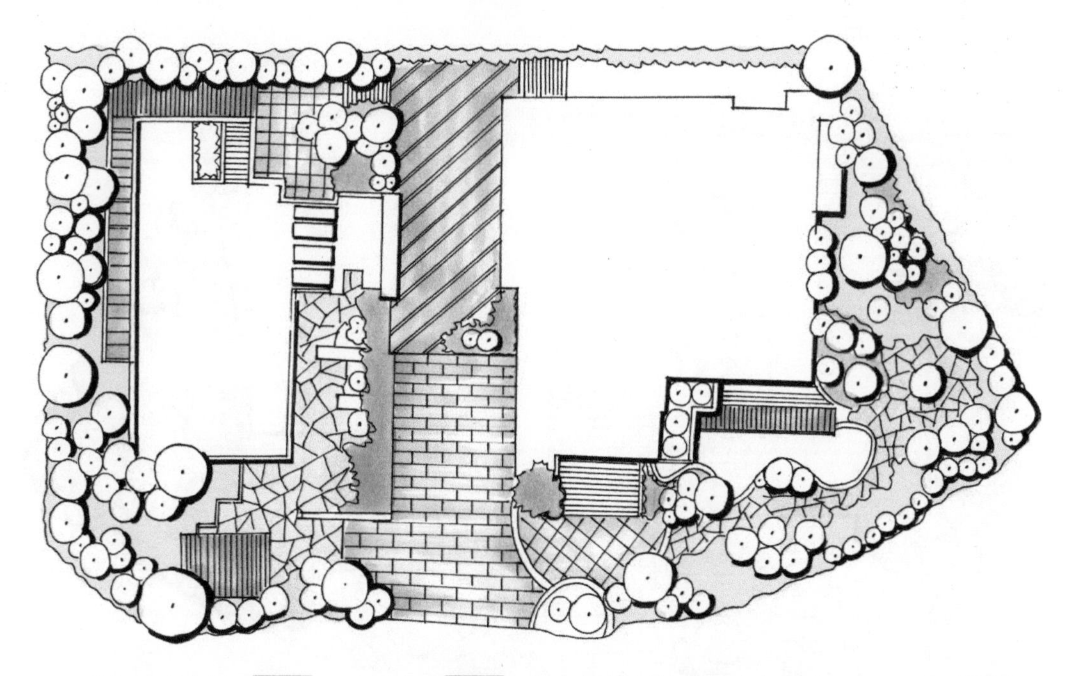

（8）用 140 号（ ）、147 号（ ）马克笔绘制植物的亮部颜色，用 58 号（ ）、84 号（ ）马克笔绘制植物暗部的颜色，再用 56 号（ ）马克笔加重植物暗部的颜色。

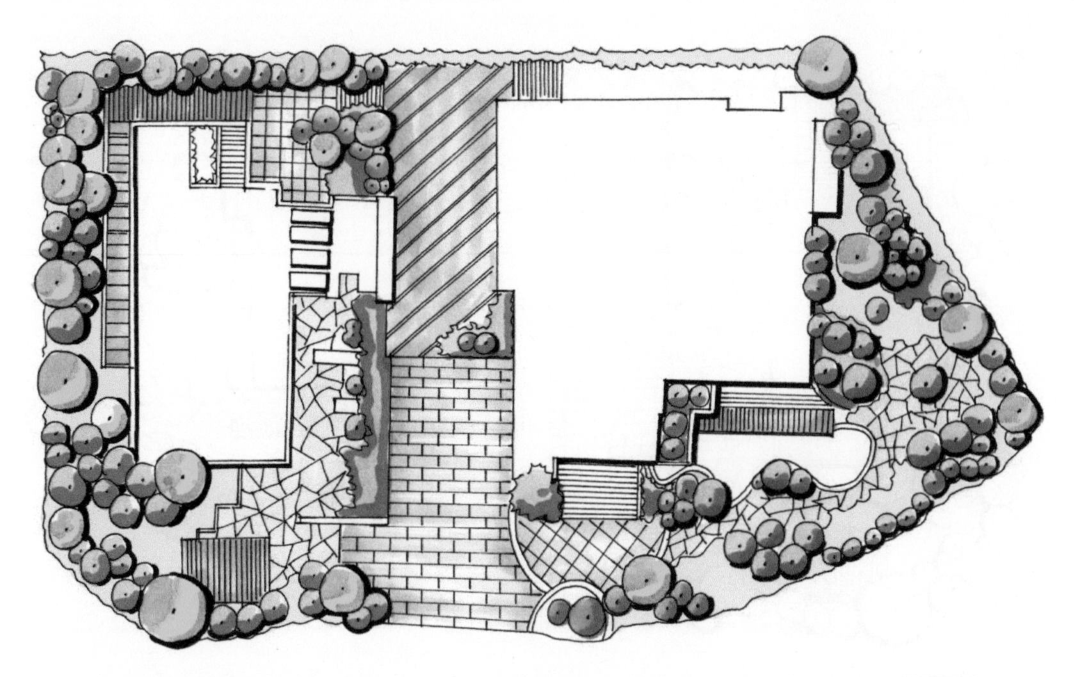

（9）用 67 号（　　）马克笔绘制水面的第一层颜色，再用 CG3 号（　　）马克笔绘制地面的颜色。

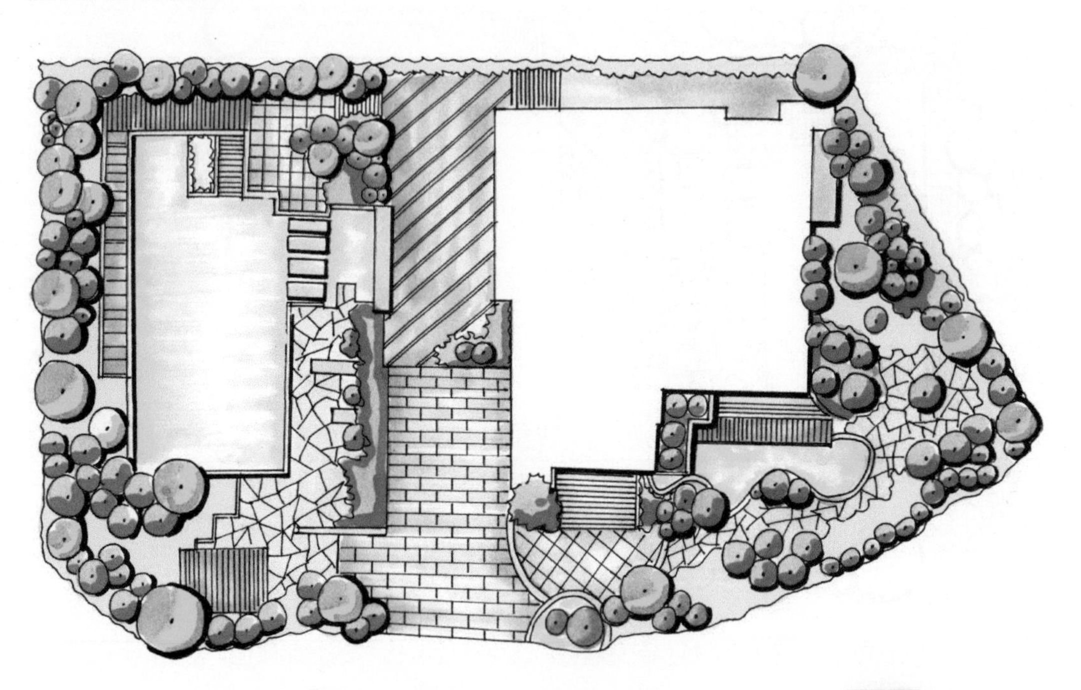

（10）用 66 号（　　）马克笔加重水面暗部的颜色，用 BG5 号（　　）马克笔加重画面阴影的颜色，再用 84 号（　　）马克笔丰富画面的色彩，完成平面图的绘制。

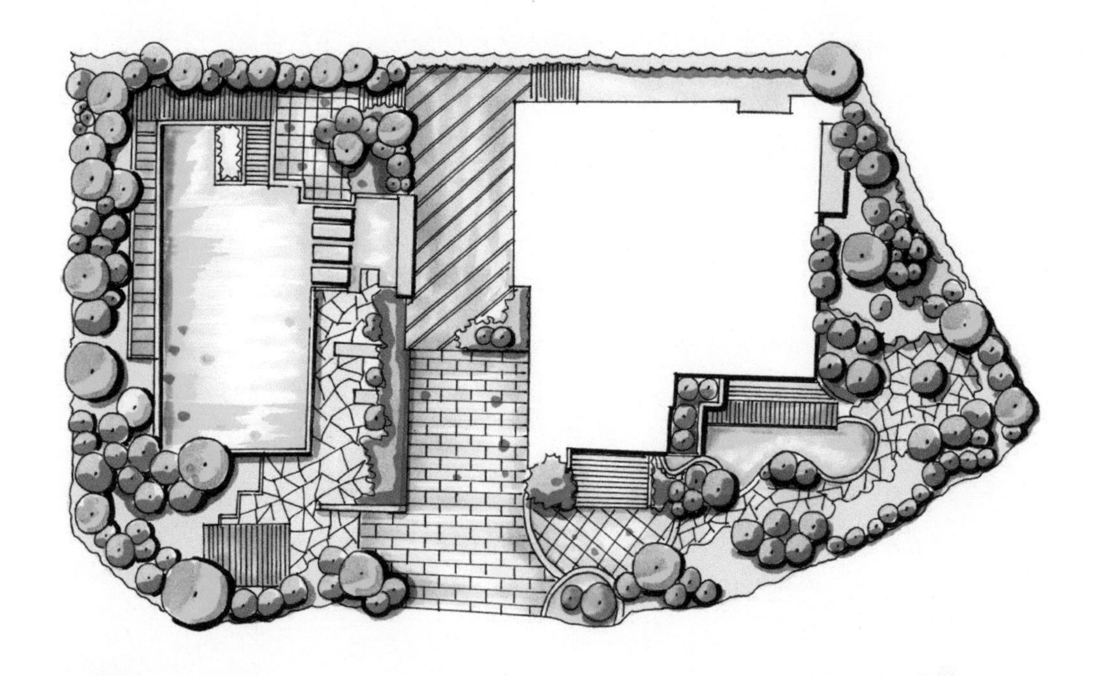

7.2.2 居住区平面图

小区平面图的绘制主要注意道路、建筑房屋、植物之间排列的位置与比例关系。

【绘制步骤】

（1）用铅笔绘制底稿。绘制建筑外形与道路的设置，定出画面大体的构图关系，这一步不需要太过细节的描绘。

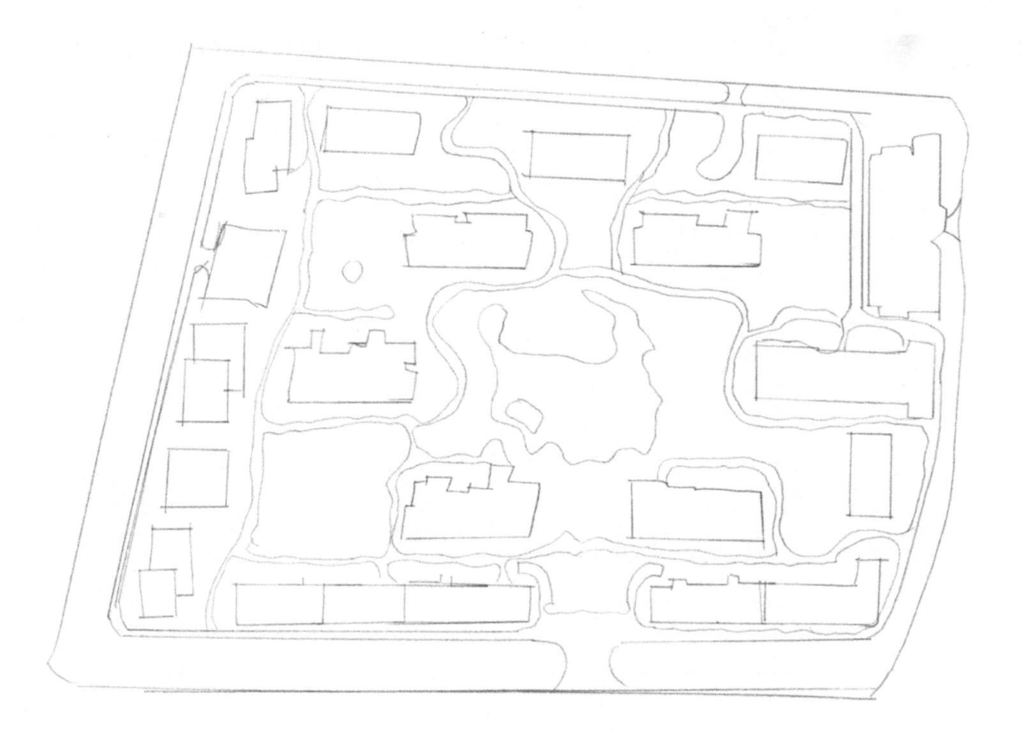

（2）继续用铅笔绘制画面的细节，确定植物之间的位置关系，注意表现出不同植物的类型。

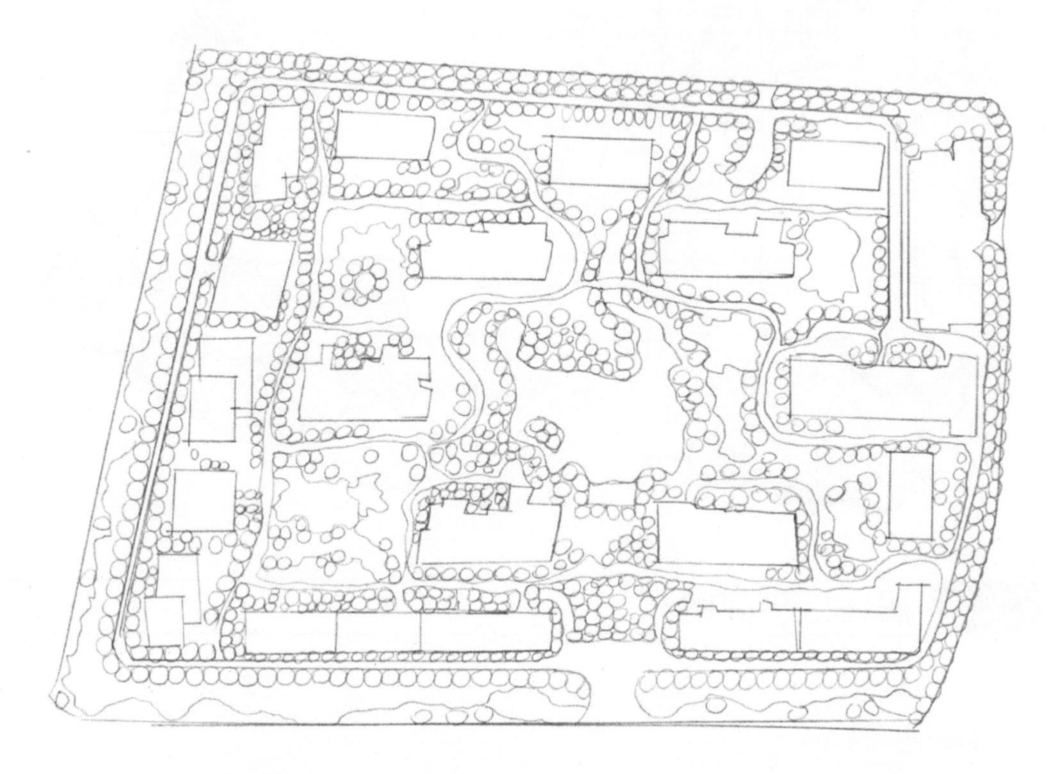

（3）在铅笔稿的基础上用勾线笔绘制建筑、植物、水岸的轮廓线，注意用线要自然、肯定。

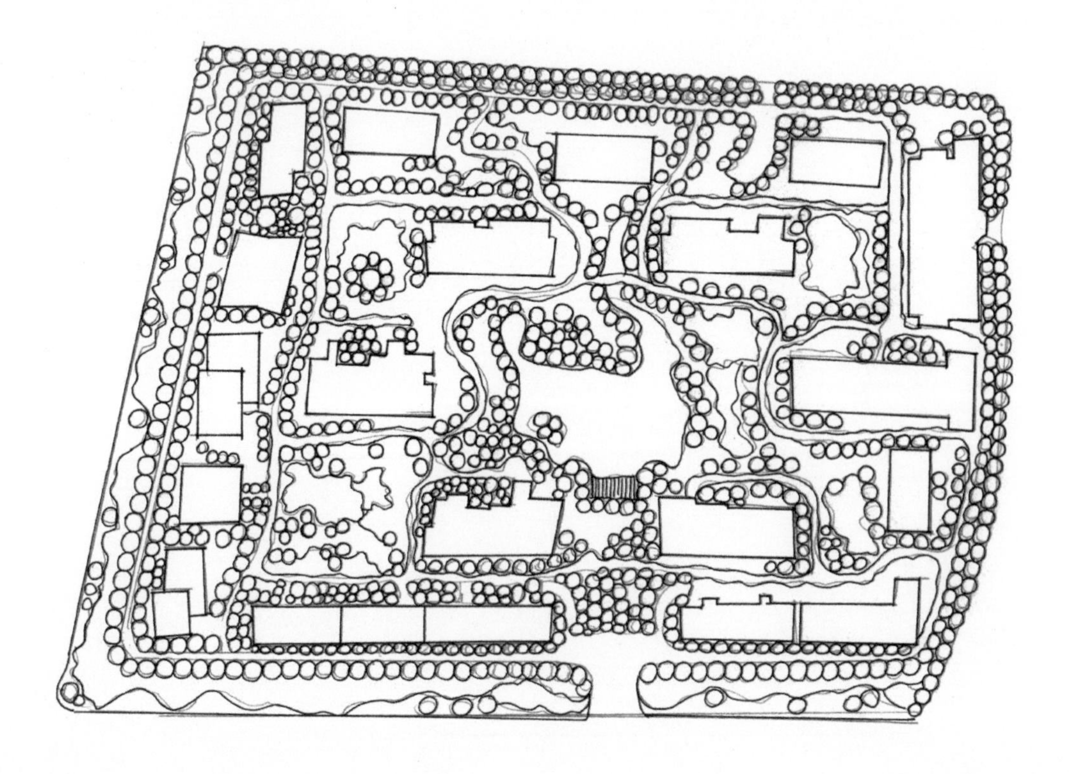

（4）用橡皮擦去画面中多余的铅笔线，保持画面的整洁。

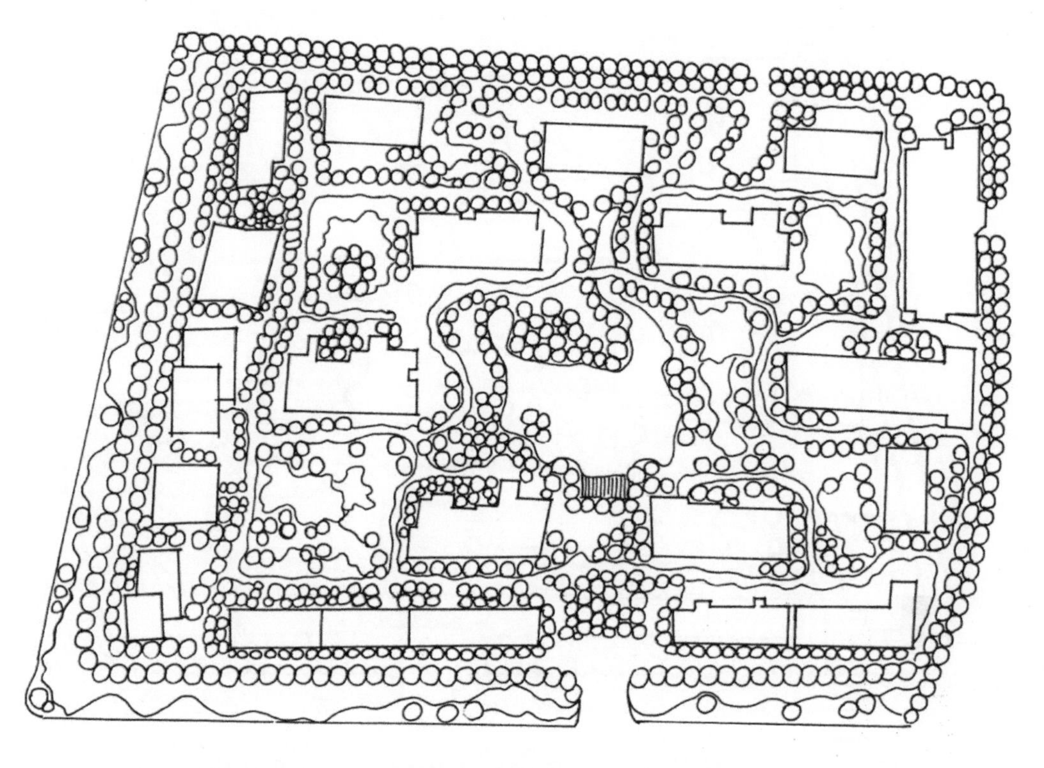

（5）加重平面图的暗部，确定画面的明暗关系，平面图也要表现出一定的立体感。

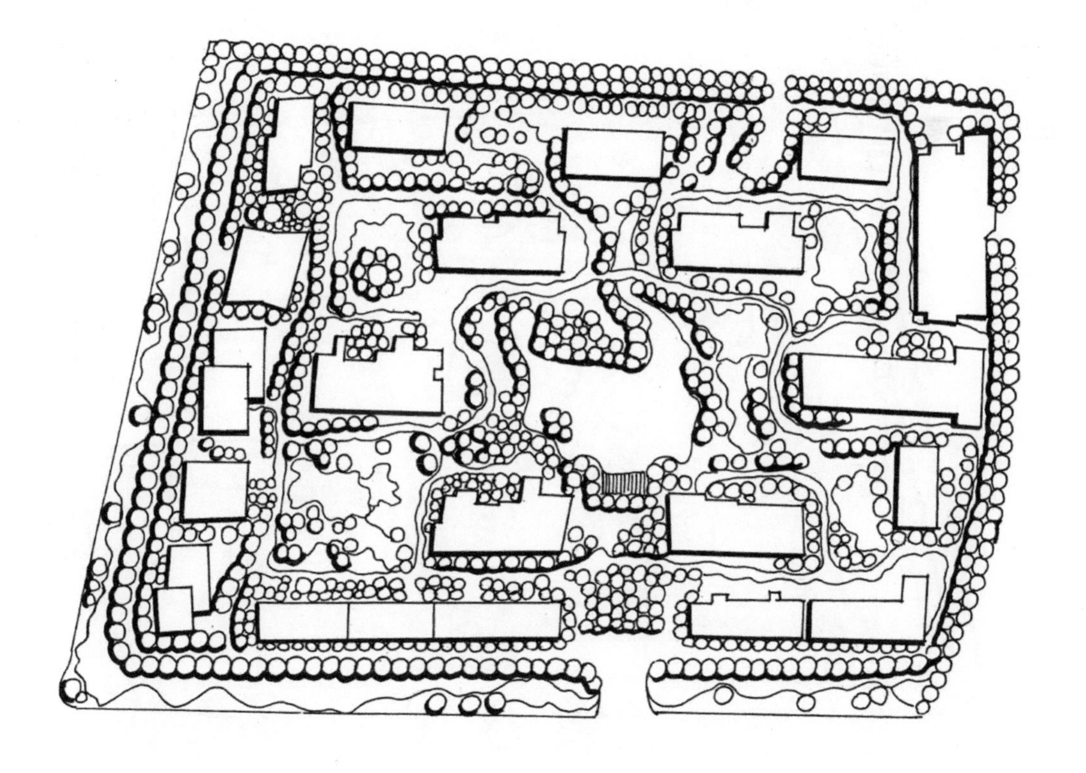

（6）用48号（ ）、58号（ ）马克笔绘制灌木与草丛植物的第一层颜色。

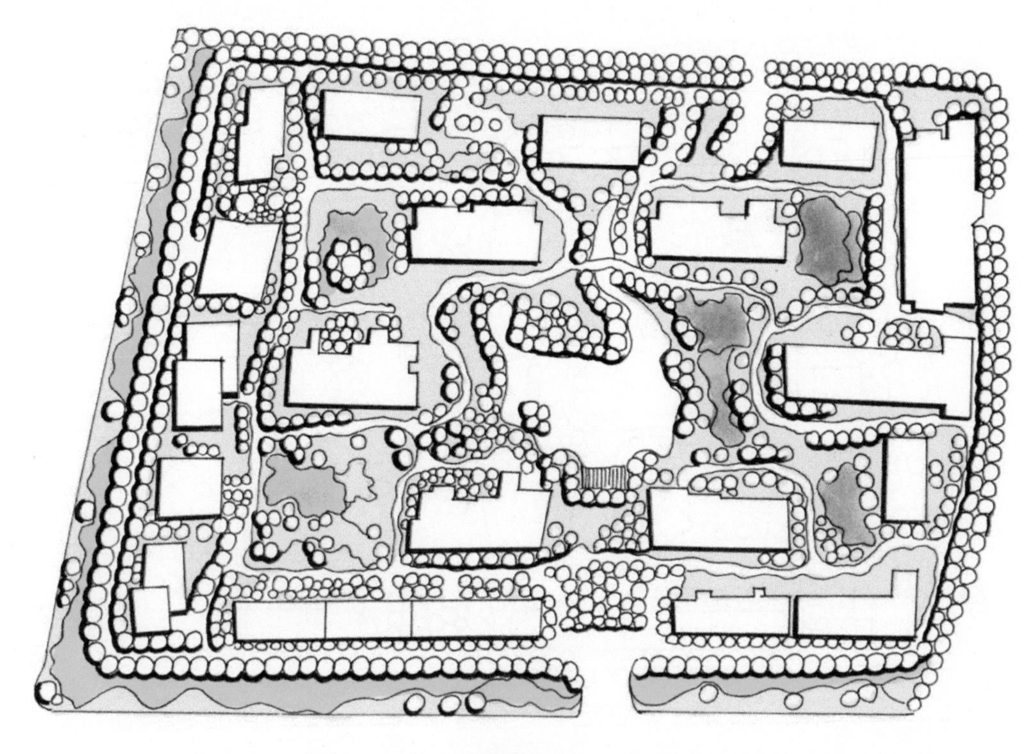

（7）用167号（ ）、147号（ ）马克笔绘制乔木植物的第一层颜色，再用56号（ ）、84号（ ）马克笔加重植物暗部的颜色。

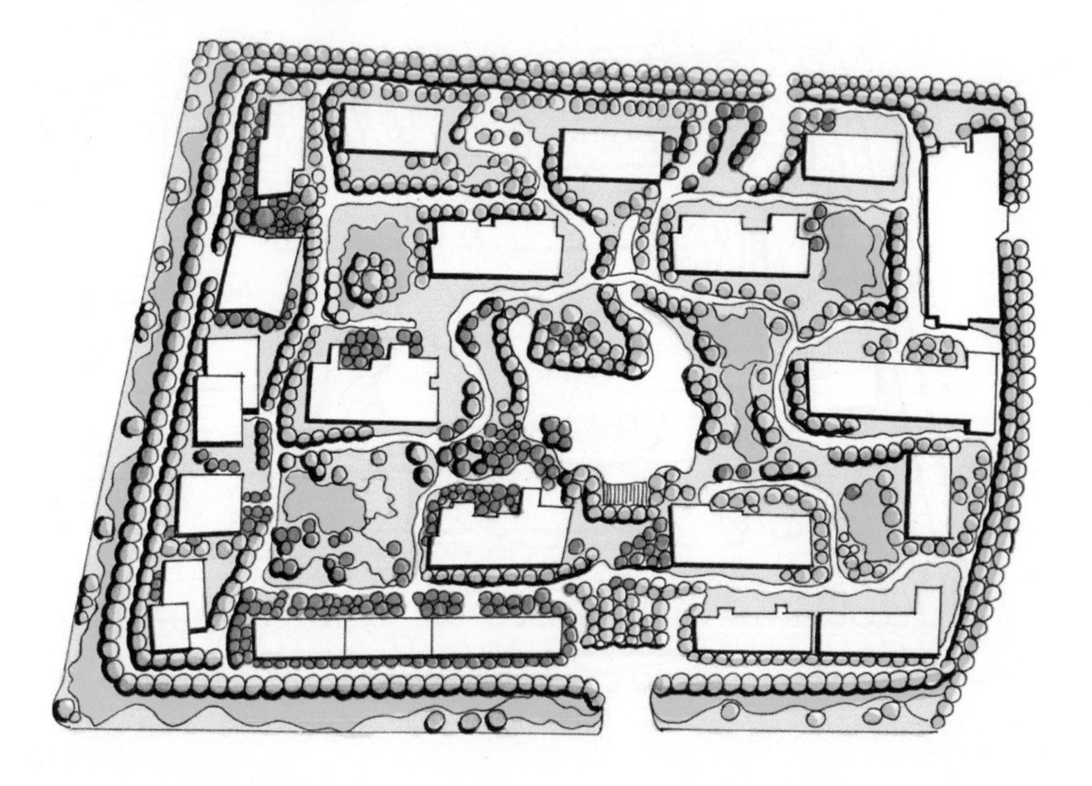

（8）用 CG3 号（ ）马克笔绘制道路地面的颜色，再用 63 号（ ）马克笔绘制水面的颜色，注意亮部的留白。

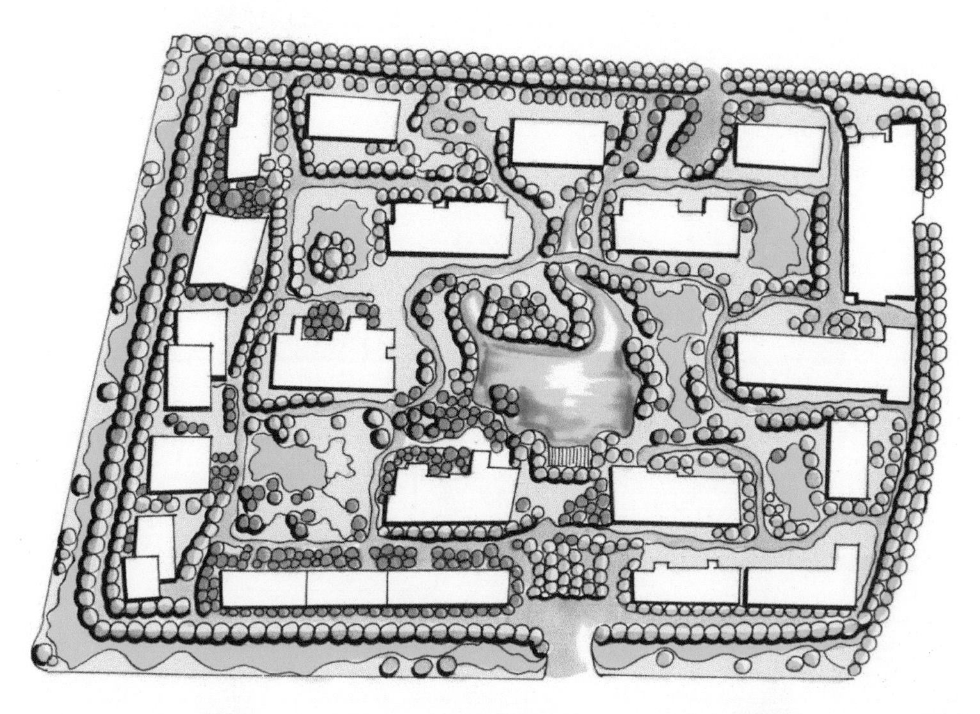

（9）用 61 号（ ）马克笔加重水面暗部的颜色，用 54 号（ ）、83 号（ ）马克笔加重乔木暗部的颜色，用 42 号（ ）马克笔加重地被植物的暗部，再用 107 号（ ）马克笔绘制木桥的颜色，完成绘制。

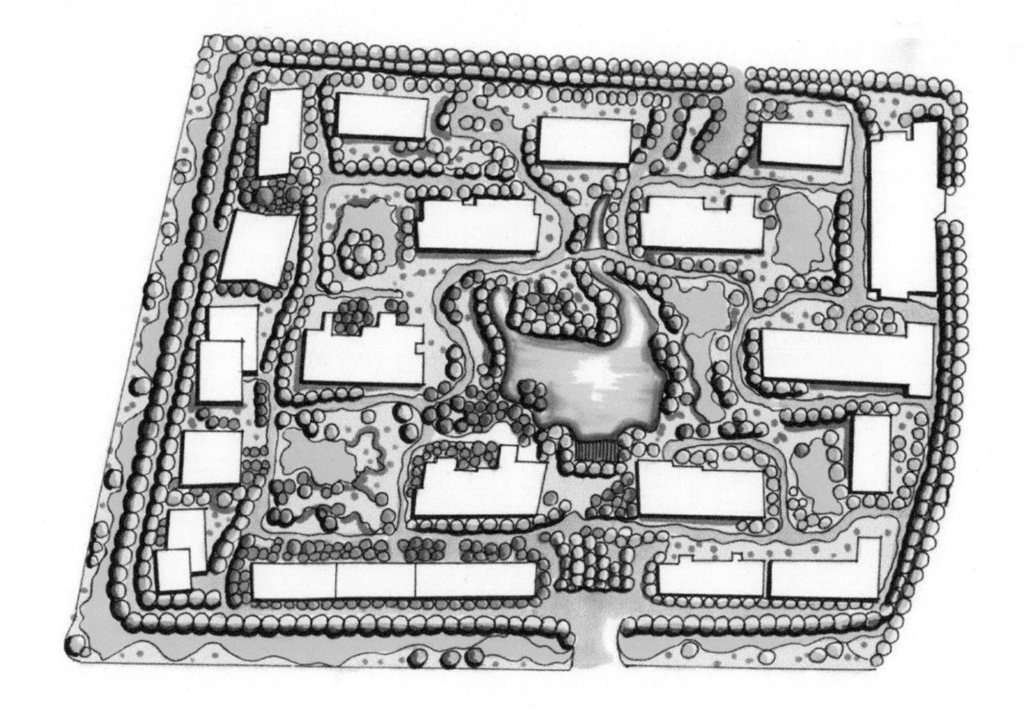

7.2.3 校园平面图

校园的平面图设计一般包括教学楼、操场、湖泊、石块铺装等，注意不同植物的位置关系。

【绘制步骤】

（1）用铅笔绘制底稿。绘制道路与建筑的外形，定出画面大体的构图关系。

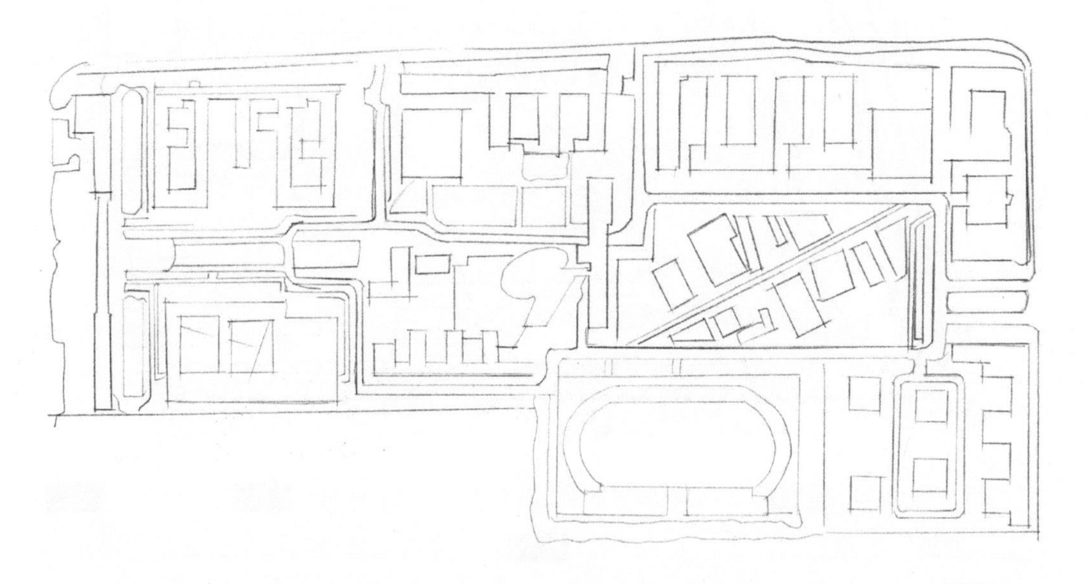

（2）用勾线笔在铅笔稿的基础上绘制建筑与道路的轮廓线，注意用线要自然、肯定。

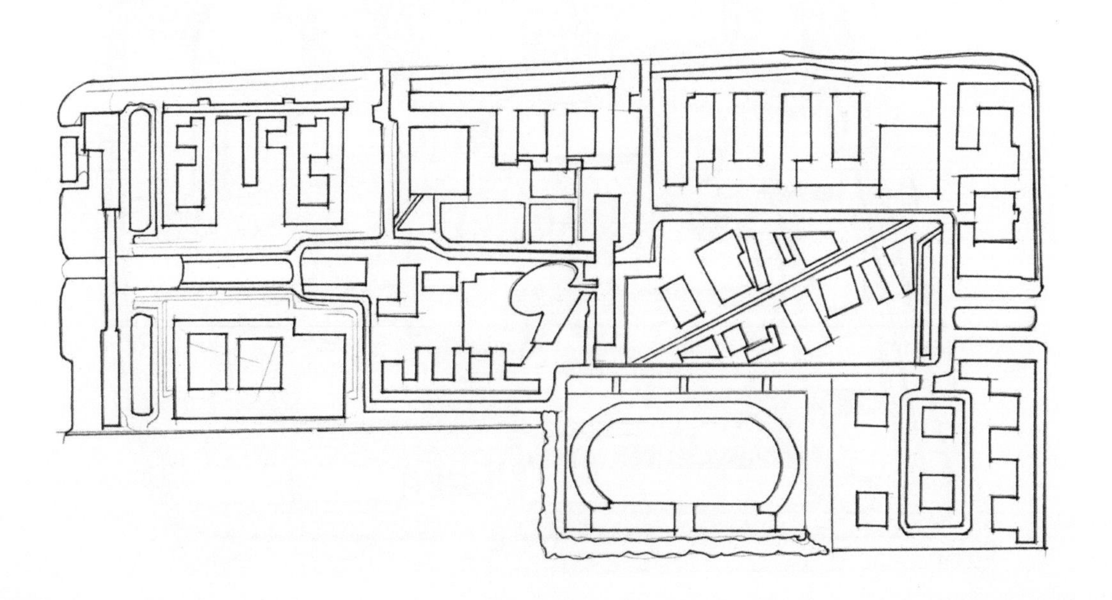

（3）用橡皮擦去画面中多余的铅笔线，保持画面的整洁。

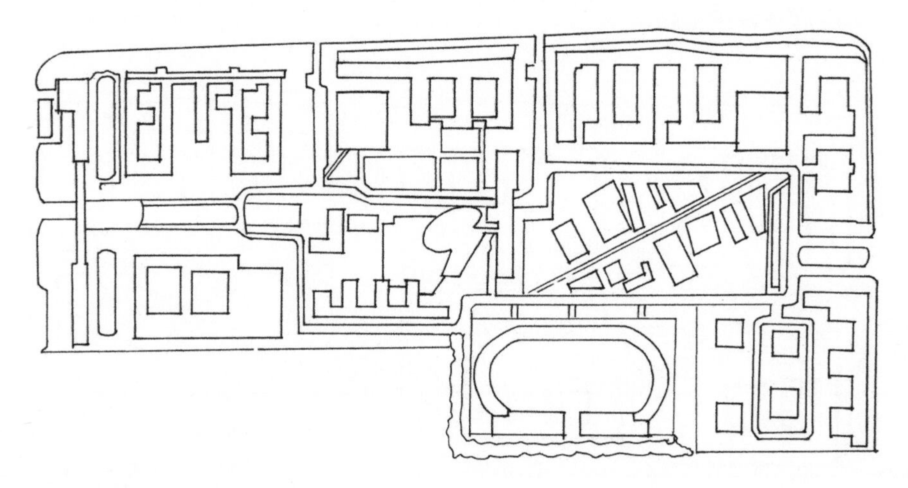

（4）继续用勾线笔绘制画面的细节，确定植物之间的位置关系，注意表现出不同植物的类型。

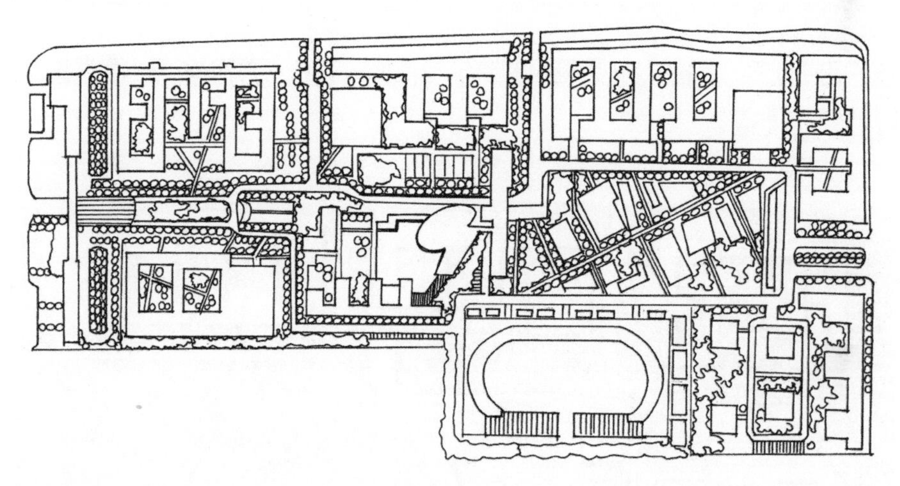

（5）加重平面图的暗部，确定画面的明暗关系，平面图也要表现出一定的立体感。

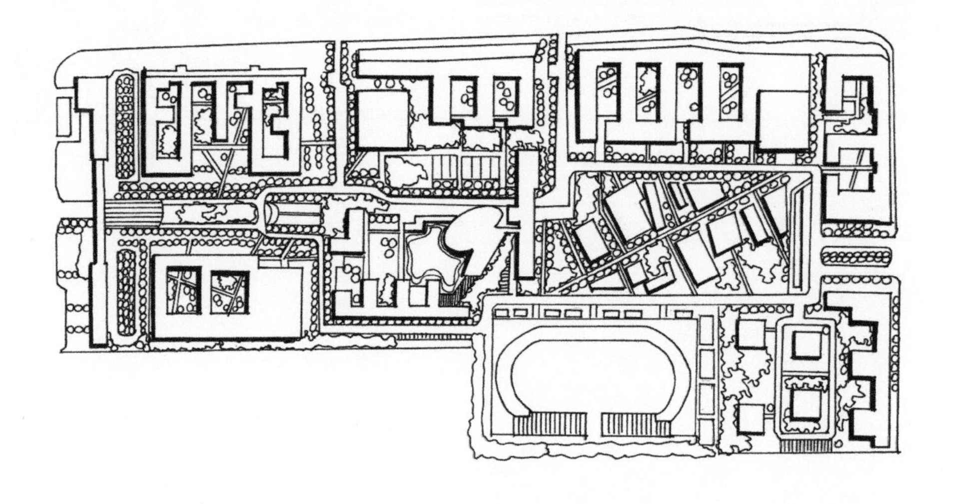

（6）用 48 号（ ）、167 号（ ）马克笔绘制灌木与地被植物的第一层颜色，可以采用马克笔平涂的笔触。

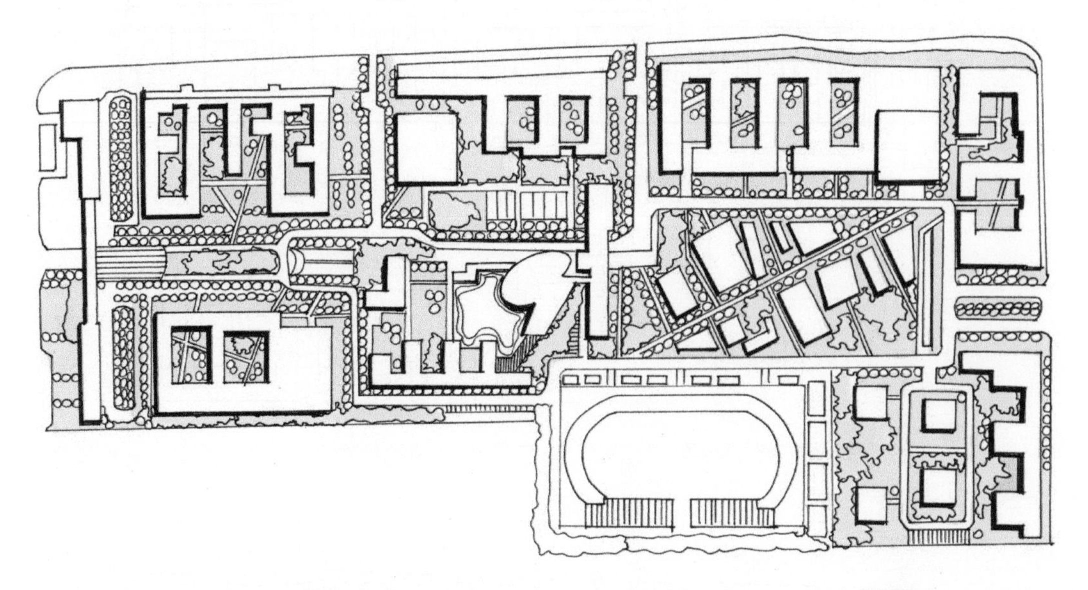

（7）用 140 号（ ）马克笔绘制建筑与地面的颜色，再用 56 号（ ）马克笔绘制乔木的第一层颜色。

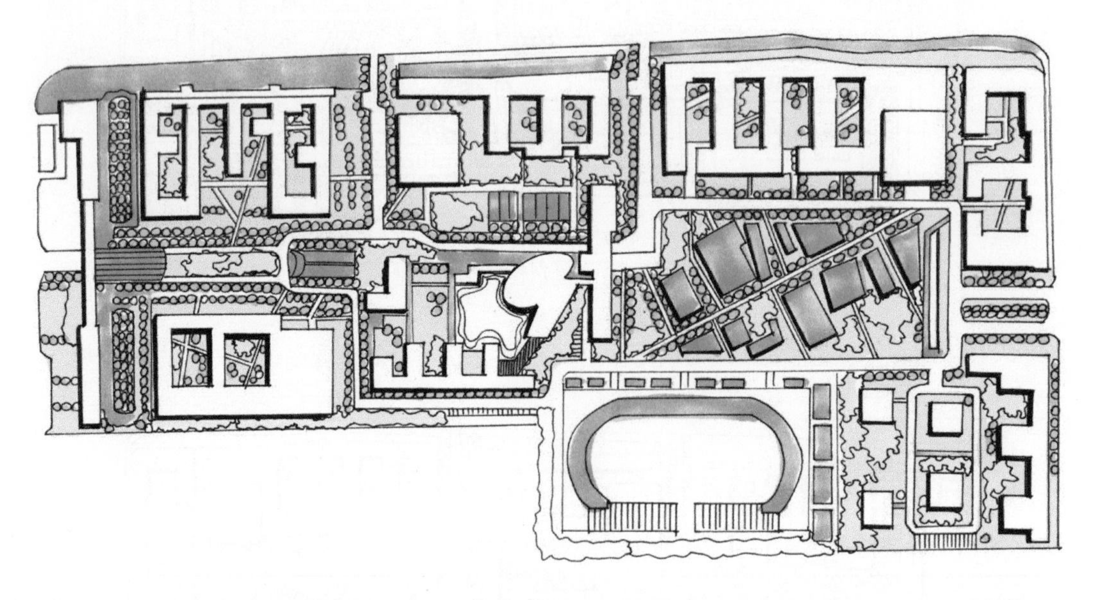

（8）用 CG3 号（ ）马克笔绘制道路的颜色，再用 167 号（ ）、76 号（ ）绘制操场的颜色。

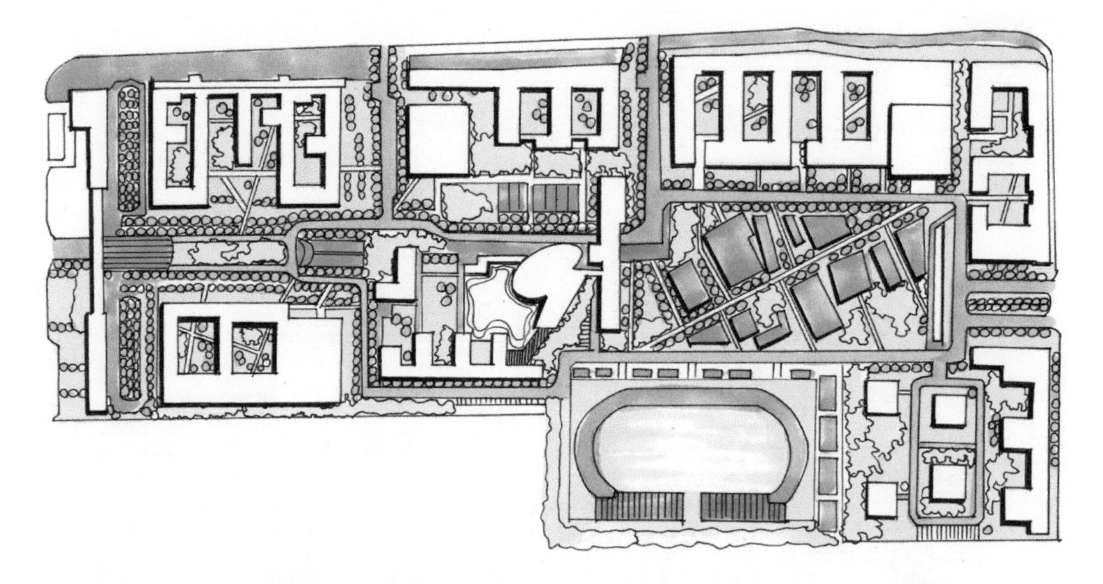

（9）用 42 号（ ）马克笔绘制地被植物暗部的颜色，再用 BG5（ ）马克笔绘制阴影的颜色，完成平面图的绘制。

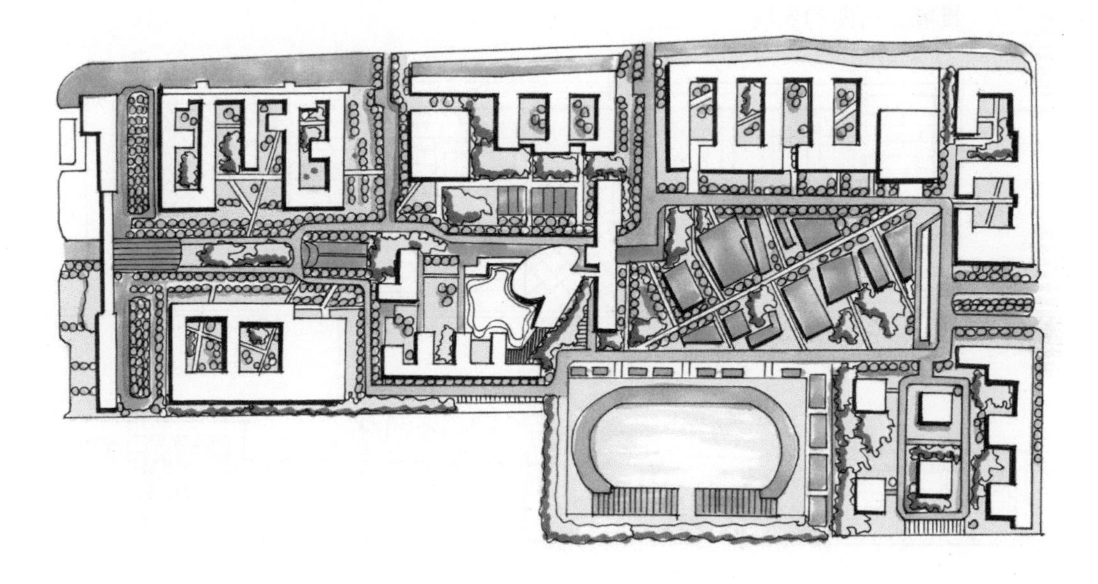

7.3 立面图与剖面图表现

立面与剖面的绘制能够清楚地表现出景观建筑的结构特征，绘制时要特别注意画面的比例关系。

7.3.1 立面图表现

绘制立面图的线条一定要肯定、准确，画面要保持干净。

1．**别墅立面图的表现**

2．**景墙立面图的表现**

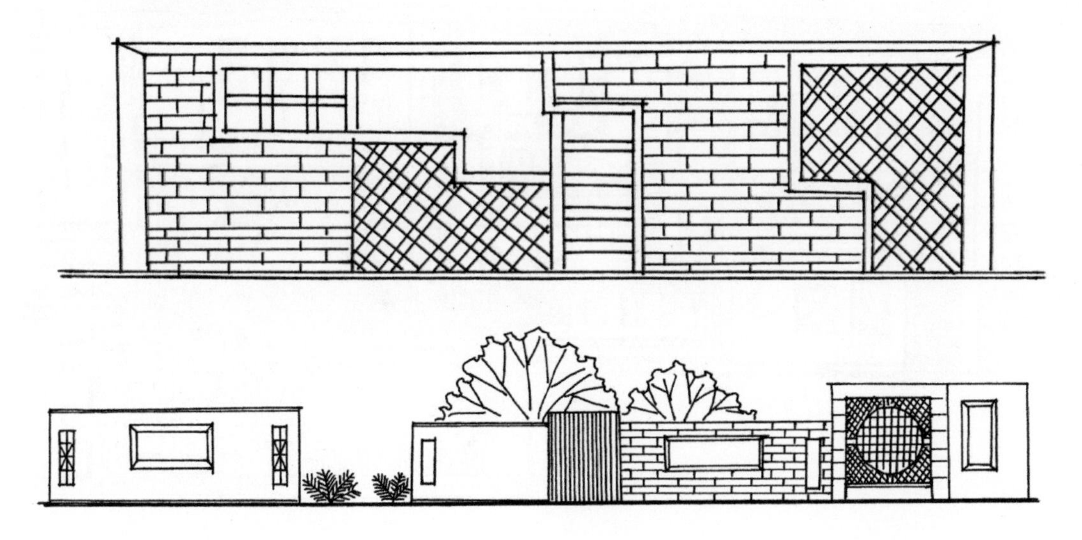

3．**长廊立面图的表现**

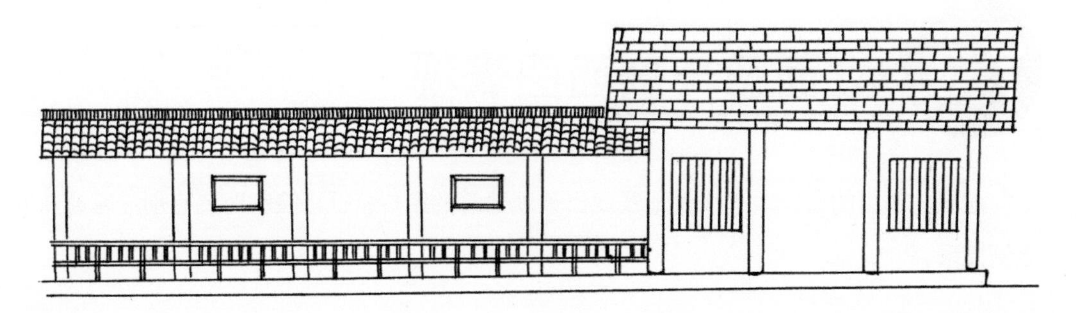

4. **喷泉水体景观立面图表现**

5. **中式观景亭立面图表现**

7.3.2 剖面图绘制

剖面图的绘制比立面图更具有立体感，但是与效果图的表现不一样，只须制画面的一个剖面，表现技巧更容易掌握。

【绘制步骤】

(1) 用铅笔绘制草图，勾出景观植物与建筑大概的外形轮廓。

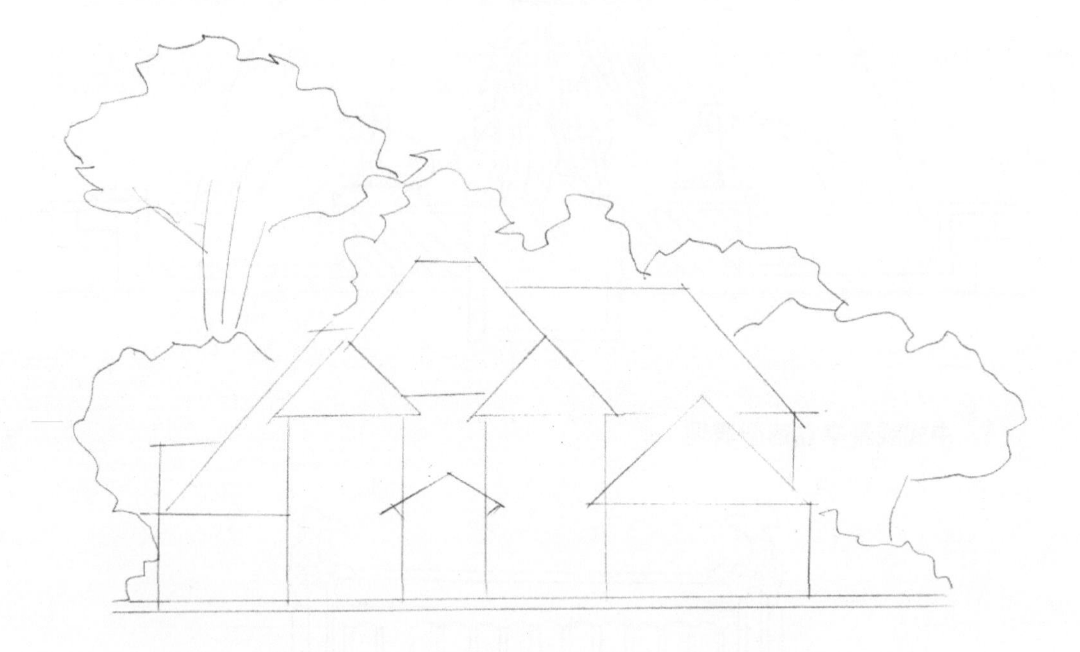

(2) 继续用铅笔绘制植物与建筑的结构细节，表现出建筑的特征。

（3）用勾线笔勾出确定的景观植物与建筑的外形轮廓线，注意用笔要肯定。

（4）用橡皮擦去多余的铅笔线，保持画面的整洁。

（5）继续刻画画面的细节，丰富画面的内容；绘制植物与建筑的暗部，确定画面大概的明暗关系。

（6）用 179 号（ ）马克笔绘制玻璃的颜色，再用 BG5 号（ ）马克笔绘制屋顶的第一层颜色。

（7）用 58 号（ ）、167 号（ ）马克笔绘制植物的第一层颜色。

（8）继续用 56 号（ ）、48 号（ ）号马克笔绘制植物的颜色，注意马克笔颜色的渐变。

（9）用 61 号（ ）马克加重玻璃暗部的颜色，再用 147 号（ ）马克笔丰富植物亮部的颜色。

（10）用 63 号（ ）马克笔绘制天空云朵的颜色，再用 BG5（ ）马克笔加重建筑暗部的颜色，完成建筑剖面图的绘制。

7.4 鸟瞰图

建筑鸟瞰图的一般透视为三点透视或散点透视，以表现出宽广的视野，画面的气势磅礴。绘制时主要把握场景主题的表现。

7.4.1 现代小区建筑鸟瞰图

小区鸟瞰图的表现一般把握住小区的建筑风格，绘制时注意前后建筑之间的穿插关系。

【绘制步骤】

（1）用铅笔绘制草图，确定建筑的外形轮廓与配景植物的位置关系。

（2）在铅笔稿的基础上用勾线笔绘制建筑与植物的外形轮廓线，注意用线要流畅、自然。

（3）用橡皮擦去画面中多余的铅笔线，保持画面的整洁。

（4）仔细刻画建筑的结构细节，继续用排列的线条绘制画面的暗部，确定画面的明暗关系，注意对线条的排列方向与疏密关系的表现。

（5）用 CG3 号（　　）马克笔绘制建筑屋顶的颜色，再用 141 号（　　）、67 号（　　）马克笔绘制建筑墙体与窗户的颜色。

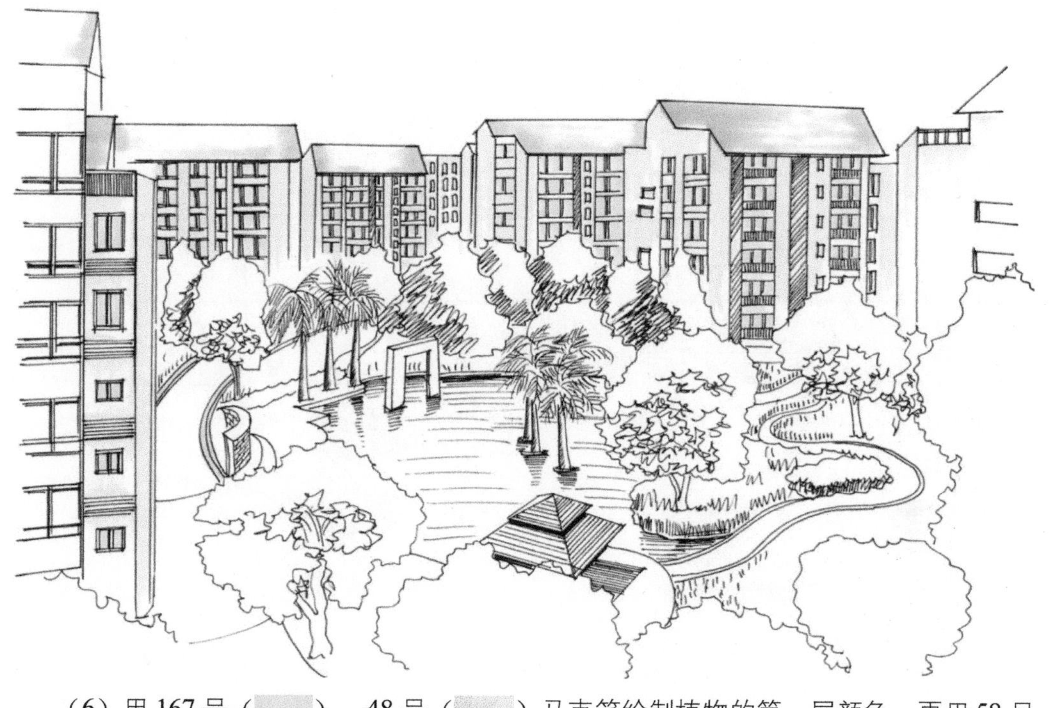

（6）用 167 号（　　）、48 号（　　）马克笔绘制植物的第一层颜色，再用 58 号（　　）马克笔绘制植物暗部的颜色。

（7）继续用 42 号（　）马克笔加重近景植物暗部的颜色，再用 56 号（　）、54 号（　）马克笔绘制草丛植物的颜色。

（8）用 140 号（　）马克笔绘制地面的颜色，再用 63 号（　）马克笔绘制水面的颜色，再用 22 号（　）马克笔绘制近景凉亭的颜色。

（9）用 61 号（ ）马克笔绘制玻璃暗部的颜色，用 84 号（ ）马克笔绘制花丛的颜色，再用 WG2 号（ ）、BG5 号（ ）马克笔绘制树干的颜色。

（10）用 137 号（ ）马克笔绘制天空的第一层颜色，继续用 451 号（ ）彩色铅笔加重天空的颜色。注意颜色的渐变，仔细刻画画面的细节，完成绘制。

7.4.2 欧式小镇建筑鸟瞰图

欧式小镇建筑的表现，主要把握建筑尖顶与圆顶的结构特征，小镇的建筑一般应表现出古老的历史年代气息。

【绘制步骤】

（1）用铅笔绘制草图，确定建筑的外形轮廓与配景植物的位置关系。

（2）在铅笔稿的基础上，用勾线笔绘制建筑与植物的外形轮廓线，注意用线要流畅、自然。

（3）用橡皮擦去画面中多余的铅笔线，保持画面的整洁。

（4）仔细刻画建筑的结构细节，继续用排列的线条绘制画面的暗部，确定画面的明暗关系，注意对线条的排列方向与疏密关系的表现。

（5）用 167 号（ ）马克笔绘制植物的第一层颜色，可以采用马克笔平涂的笔触。

（6）用 CG3 号（ ）马克笔绘制建筑屋顶的颜色，再用 BG1 号（ ）马克笔绘制建筑墙体的颜色。

（7）用 48 号（ ）马克笔绘制草丛植物的第一层颜色，再用 58 号（ ）马克笔绘制植物暗部的颜色。

（8）用 BG5 号（ ）马克笔加重建筑暗部的颜色，再用 84 号（ ）马克笔加重草丛暗部的颜色；调整画面，完成绘制。

7.4.3 美式乡村建筑鸟瞰图

美式乡村风格体现出一种自然的田野气息，美式乡村的建筑颜色一般比较鲜艳，与自然融为一体。

【绘制步骤】

（1）用铅笔绘制草图，确定建筑的外形轮廓与配景植物的位置关系。

（2）在铅笔稿的基础上，用勾线笔绘制建筑与植物的外形轮廓线，注意用线要流畅、自然。

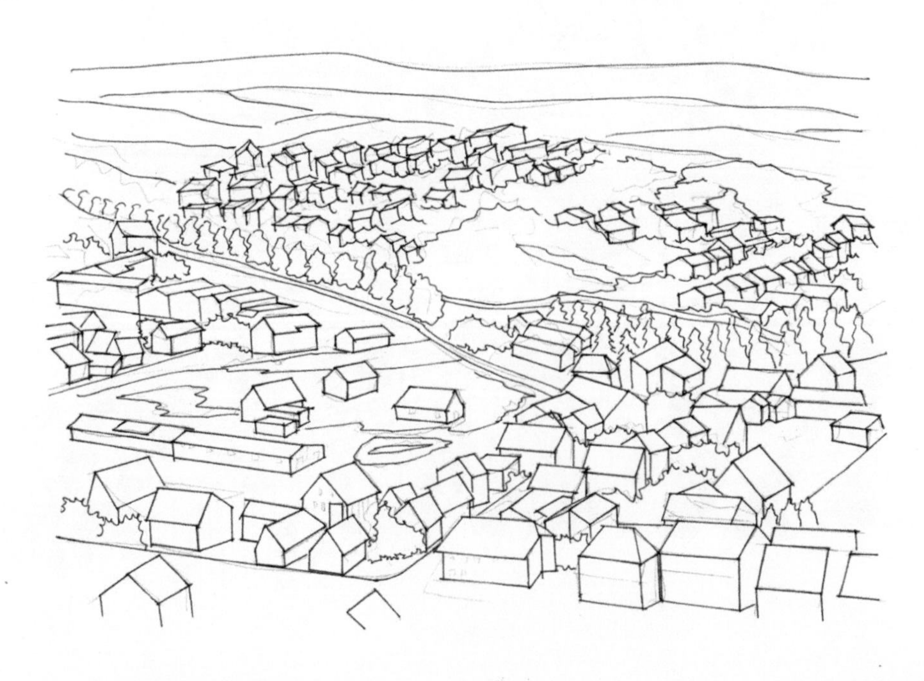

（3）用橡皮擦去画面中多余的铅笔线，保持画面的整洁。

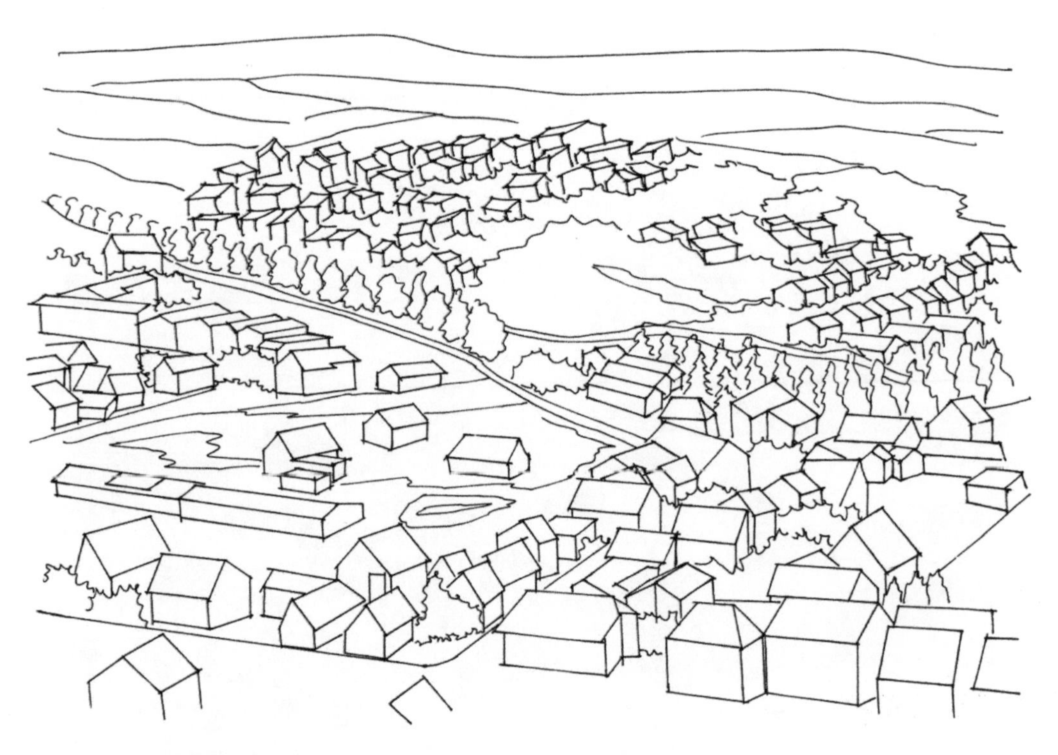

（4）刻画建筑屋顶的细节，给建筑添加门窗。继续用排列的线条绘制画面的暗部，确定画面的明暗关系，注意对线条的排列方向与疏密关系的表现。

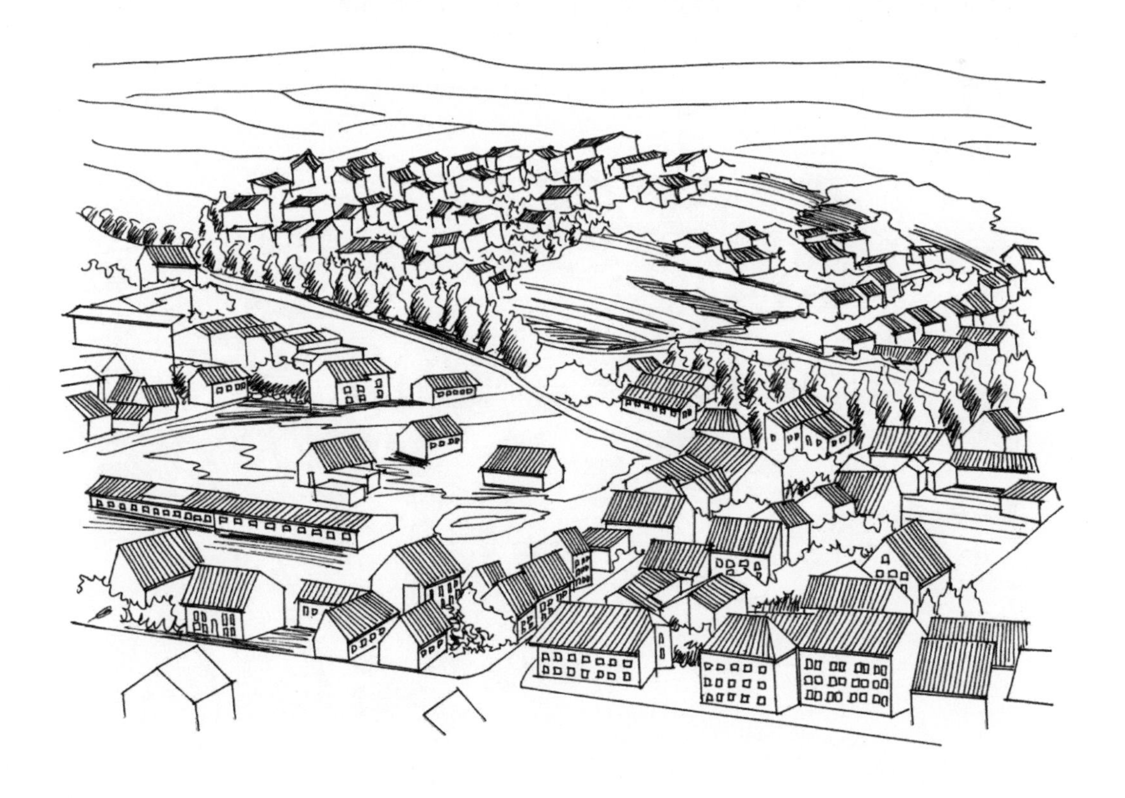

（5）用140号（ ）马克笔绘制建筑屋顶的颜色，再用34号（ ）马克笔绘制建筑墙体的颜色。

（6）用167号（ ）马克笔绘制植物的第一层颜色，用56号（ ）马克笔加重近景植物的暗部，再用58号（ ）马克笔加重远景植物的暗部。

（7）用 25 号（ ）、BG5 号（ ）马克笔绘制地面的颜色，可以采用马克笔平涂的笔触。

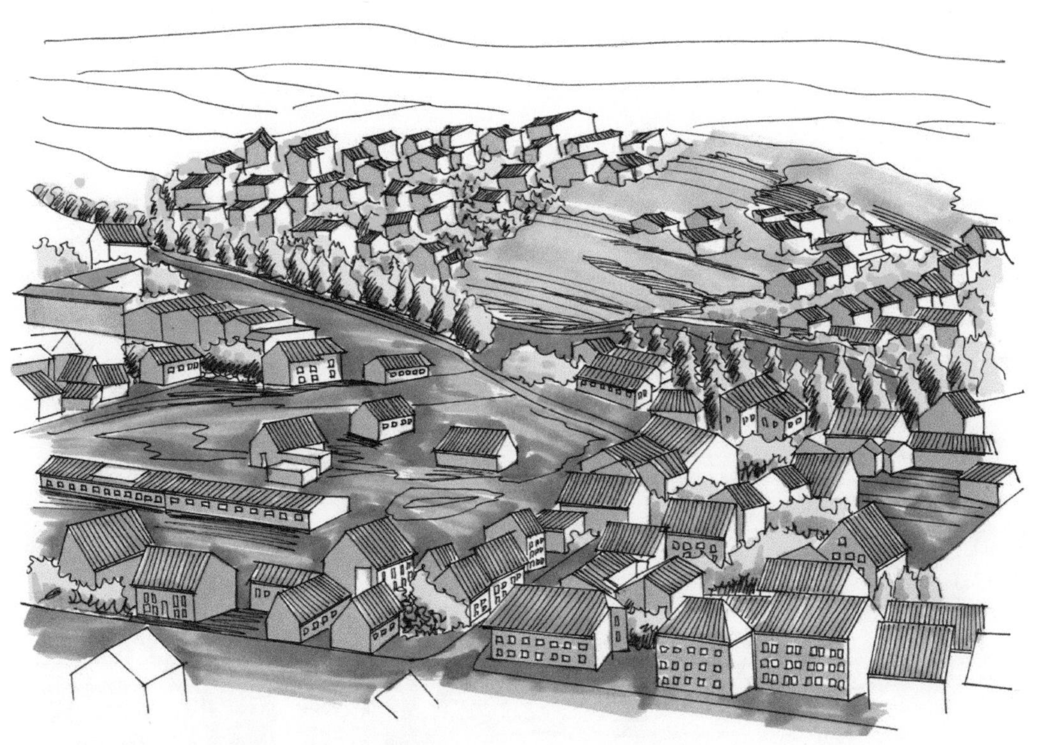

（8）用 97 号（ ）、22 号（ ）马克笔绘制建筑暗部的颜色，以增强画面的体积感。

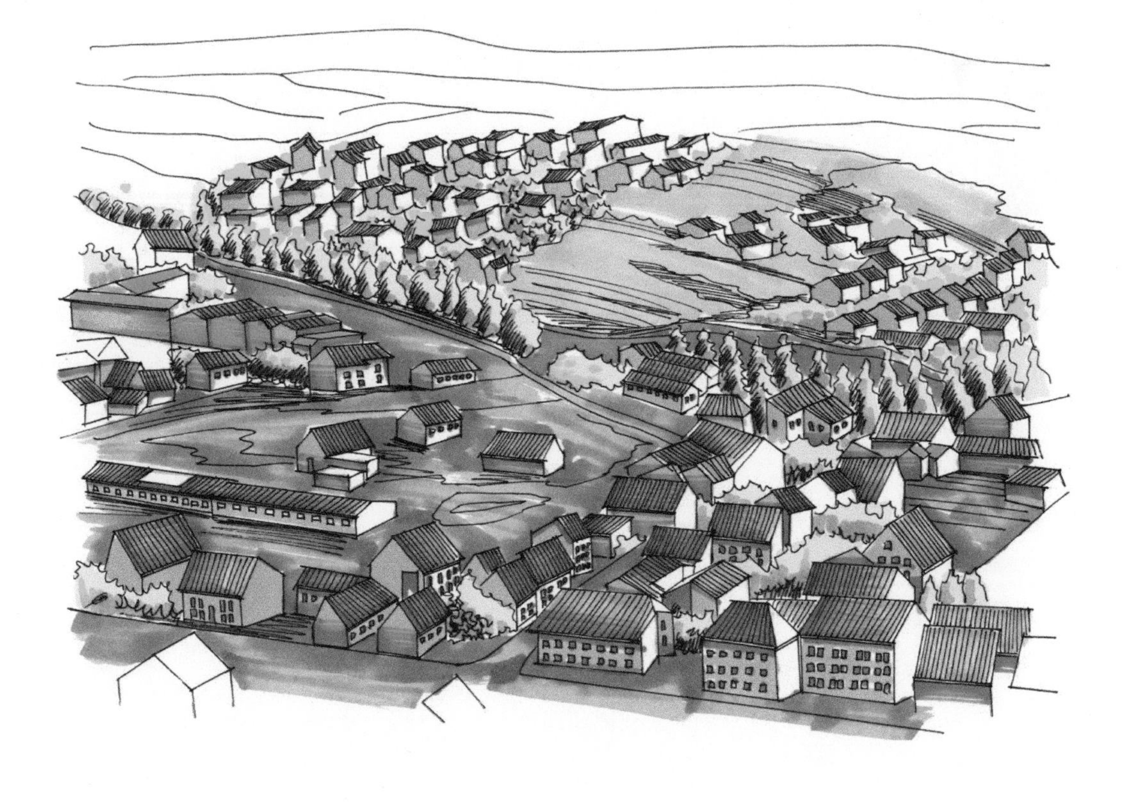

(9) 用 167 号（ ）、58 号（ ）和 76 号（ ）马克笔与 451 号（ ）彩色铅笔绘制背景的颜色，再用 147 号（ ）马克笔丰富建筑亮部的颜色；整体调整画面，完成绘制。

7.5 课后练习

1. 练习乔木与灌木丛不同植物类型的平面图。

2. 构思一套完整的建筑设计方案，包括平面图、立面图、剖面图、鸟瞰图的表现。

手绘效果图是把设计与表现融为一体的表现技法。效果图是设计师与非专业人员沟通的最好媒介，对设计方案决策起到一定的作用。绘制手绘效果图时，应该将重点放在造型、色彩和质感的表现上。

第8章 建筑设计综合手绘表现

8.1 国内建筑

8.1.1 城市建筑

城市建筑遗址被称为“凝固的音乐”，它不仅承载了建筑的艺术，而且还是城市文化、历史文化、地域文化、政治文化等的表现。城市建筑都是成片的高楼大厦，四周环绕着宽大的马路，上面行驶着川流不息的车辆，体现出一个城市的繁荣与喧哗。

【绘制要点】

- 要把握城市建筑的结构特征，掌握画面整体的透视关系，注意画面中前后物体之间穿插的关系等。
- 整体比例关系要准确，画面的色调要和谐统一。
- 学会利用留白形式完善画面的构图，丰富画面的内容，并加强画面的空间层次感。

【绘制步骤】

（1）用铅笔绘制城市建筑与道路大概的外形轮廓，确定画面的构图与透视关系。

（2）用铅笔进一步刻画画面的细节结构，注意表现出画面物体的体块感。

（3）在铅笔稿的基础上，用勾线笔绘制植物、建筑、车辆、路灯等准确的外形结构线，注意用线要肯定、流畅。

（4）用橡皮擦去画面中多余的铅笔线，保持画面的整洁。

（5）用勾线笔继续刻画车辆、道路、植物与建筑的结构细节，以加重暗部的结构线，增提画面的空间体积感，注意用线要自然、流畅。

（6）用 144 号（　　）、CG3 号（　　）马克笔绘制建筑的第一层颜色，注意马克笔的笔触变化。

（7）用 172 号（ ）马克笔绘制植物的第一层颜色，用 58 号（ ）马克笔加重植物暗部的颜色，以增强植物的体积感；用 WG3 号（ ）马克笔绘制道路的颜色，注意采用马克笔平涂的笔触。

（8）用 25 号（ ）、35 号（ ）、17 号（ ）、68 号（ ）、76 号（ ）和 CG6 号（ ）马克笔绘制配景车辆的颜色。

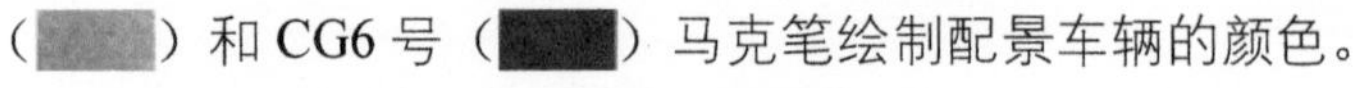

（9）用 CG4 号（ ）、183 号（ ）马克笔加重建筑暗部的颜色，以增强建筑的体积感。

（10）用 451 号（ ）、454 号（ ）彩色铅笔绘制天空的颜色，注意颜色的渐变与过渡。

（11）用 36 号（ ）、136 号（ ）和 CG3 号（ ）丰富建筑的颜色，活跃画面的气氛；调整画面，完成绘制。

8.1.2 乡村建筑

我国的历史文化悠久，地域辽阔。南北的地域差异使南北乡村的建筑存在着很大的差异。北方的乡村给人的印象是原始的石墙、草垛、枯枝，暮色中的村落显得宁静、自然、和谐。北方乡村的每一处景象都体现着人民朴素、勤劳的品质，如陕西民居、甘肃民居、山西民居等；与北方不同的南方乡村给人的印象是清澈的溪流泉水、婀娜的树木、黑白相间的粉墙黛瓦，置身于这样的乡村中，犹如置身中国的水墨画卷中，如四川民居、安徽宏村、湘西凤凰、江西婺源、浙江乌镇等。

尽管南北的建筑存在差异，但乡村的建筑一般砖块建筑比较多，都体现着自然景观的秀美。正是因为不同的特征，才吸引了更多的人去写生，去记录生活的感悟，去描绘、去创作。

【绘制要点】

- 要把握乡村建筑的结构特征，掌握画面整体的透视关系，注意画面中前后物体之间穿插的关系等。
- 整体比例关系要准确，画面的色调要和谐统一。
- 学会利用留白形式完善画面的构图，丰富画面的内容，并加强画面的空间层次感。

注意绘制树冠的颜色时采用马克笔揉笔带点的笔触。

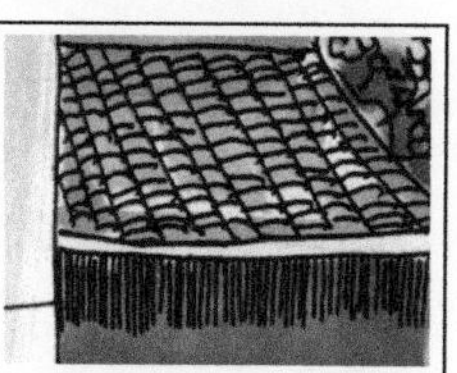

局部放大图，注意屋顶瓦片的绘制与屋檐阴影的绘制。

【绘制步骤】

（1）用铅笔绘制植物与建筑景观大概的外形轮廓，确定画面的构图关系。

（2）在铅笔稿的基础上，用勾线笔绘制植物与建筑的外形轮廓线，注意用线要肯定、流畅。

（3）用橡皮擦去画面中多余的铅笔线，保持画面的整洁。

（4）仔细绘制建筑屋顶的结构细节，加重暗部的结构线。用短小的曲线绘制屋顶的瓦片，注意线条的排列方向与结构线的方向要一致。

（5）继续刻画植物的暗部，注意曲线的自然与流畅；用排列的线条绘制建筑的暗部，注意对线条的排列与疏密关系的表现。

（6）用 CG4 号（ ）马克笔绘制建筑瓦片的第一层颜色。

（7）用 GG1 号（ ）、WG2 号（ ）马克笔绘制建筑墙体的第一层颜色，注意马克笔的笔触变化。

（8）用 175 号（　　）马克笔绘制背景植物的第一层颜色，再用 42 号（　　）马克笔加重植物暗部的颜色，以加强植物的体积感。

（9）用 GG3 号（　　）、WG4 号（　　）马克笔加重建筑墙面暗部的颜色。

第8章 建筑设计综合手绘表现

（10）用 GG7 号（ ）马克笔加重建筑窗户的颜色，再用勾线笔继续绘制建筑墙面的砖块纹理，注意不要画得太满。

（11）用 68 号（ ）马克笔、451 号（ ）与 454 号（ ）彩色铅笔绘制天空，以丰富画面的空间层次；调整画面，完成绘制。

8.1.3 古镇建筑

古镇建筑有山必有水，有水必有桥，有桥必有亭，有亭必有联，有联必有匾，从而构成古镇独特的风景。街道全部用黑色石板镶嵌而成，镇内建筑按九宫八卦阵式布局。房屋多为青瓦红砖，体现一种历史悠久的文化气息。

【绘制要点】

- 要把握古镇建筑的结构特征，掌握画面整体的透视关系，注意画面中前后物体之间穿插的关系等。
- 整体比例关系要准确，画面的色调要和谐统一。
- 学会利用留白形式完善画面的构图，丰富画面的内容，并加强画面的空间层次感。

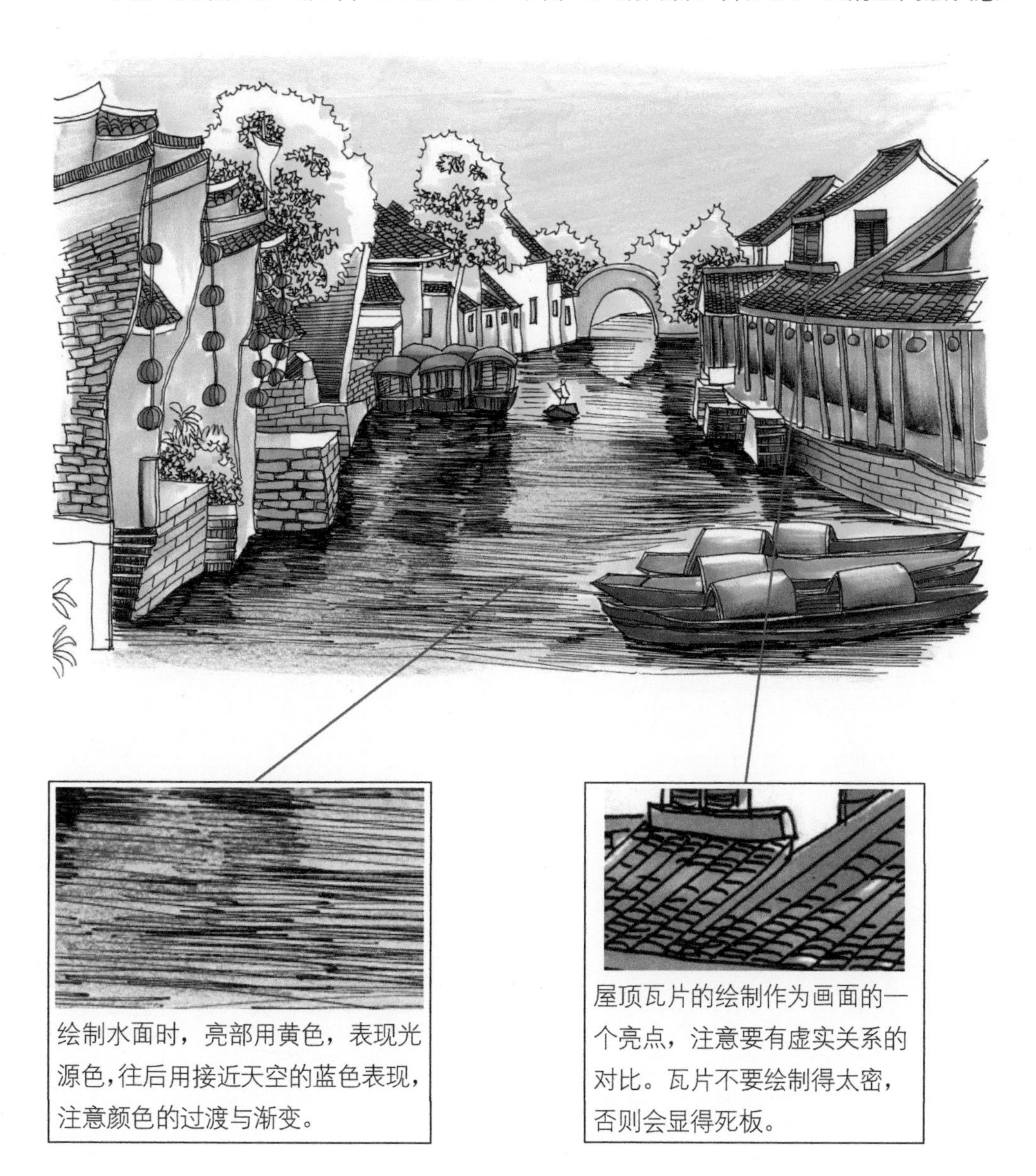

绘制水面时，亮部用黄色，表现光源色，往后用接近天空的蓝色表现，注意颜色的过渡与渐变。

屋顶瓦片的绘制作为画面的一个亮点，注意要有虚实关系的对比。瓦片不要绘制得太密，否则会显得死板。

【绘制步骤】

（1）用铅笔绘制配景植物、船舶与建筑景观大概的外形轮廓，确定画面的构图与透视关系。

（2）用铅笔进一步刻画画面的细节结构，注意表现出画面物体的体积感。

（3）在铅笔稿的基础上，用勾线笔绘制植物、建筑、船舶等准确的结构线，注意用线要肯定、流畅。

（4）用橡皮擦去画面中多余的铅笔线，保持画面的整洁。

（5）仔细绘制配景植物、船舶与建筑的结构细节，用排列的线条绘制建筑物体的暗部，以增提建筑物体的空间体积感，注意用线要自然、流畅。

（6）继续绘制水面。用自然、流畅的线条绘制水面的纹理，注意对线条疏密关系与适当的留白的表现。

（7）用 CG4 号（ ）马克笔绘制建筑屋顶的颜色，再用 139 号（ ）马克笔绘制建筑砖块墙面的第一层颜色。

（8）用 172 号（ ）马克笔绘制植物的第一层颜色，再用 68 号（ ）马克笔绘制植物暗部的颜色。

(9) 用 9 号（ ）马克笔绘制灯笼的颜色，用 121 号（ ）马克笔绘制加重灯笼的暗部，再用 WG3 号（ ）马克笔加重建筑暗部的颜色。

(10) 用 103 号（ ）马克笔绘制出船舶的第一层颜色，再用 93 号（ ）马克笔加重船舶暗部的颜色。

（11）用 GG3 号（　　）马克笔绘制远景石桥的颜色，用 172 号（　　）、68 号（　　）马克笔绘制近景植物的颜色，再用 68 号（　　）马克笔绘制天空与水面的颜色。

（12）用 57 号（　　）马克笔加重水面的颜色，再用 104 号（　　）、147 号（　　）马克笔丰富画面的颜色。

（13）用 103 号（ ）马克笔绘制建筑窗户的颜色，用 454 号（ ）彩色铅笔丰富水面的颜色，再用 499 号（ ）彩色铅笔压重画面暗部的颜色；调整画面，完成绘制。

8.1.4 园林建筑

园林建筑中包括自然景观和建筑主体，如静静的湖水一直不停息地流淌，人行道两旁的树木，美丽的景观小品，它们都是园林建筑中的一部分，各有各的特色。在绘制园林建筑时，要把建筑与自然相结合，让建筑体现出一种自然的美感。

【绘制要点】

- 要把握园林建筑的结构特征，掌握画面整体的透视关系，注意画面中前后物体之间穿插的关系等。
- 整体比例关系要准确，画面的色调要和谐统一。
- 学会利用留白形式完善画面的构图，丰富画面的内容，并加强画面的空间层次感。

【绘制步骤】

（1）用铅笔绘制石块、植物与建筑景观大概的外形轮廓，确定画面的构图与透视关系。

(2) 按照从左至右的作画原理，用勾线笔在铅笔稿的基础上绘制画面左边的建筑与植物。

（3）继续往右绘制建筑与植物，注意硬线条与软线条的结合使用。

（4）最后绘制画面右边的建筑与植物，注意物体前后之间的穿插关系。

（5）用橡皮擦去画面中多余的铅笔线，保持画面的整洁。

（6）用勾线笔继续绘制画面水面的纹理，注意对线条疏密关系的表现，亮部适当留白。

（7）用 CG4 号（ ）马克笔绘制建筑屋顶的第一层颜色，再用 93 号（ ）马克笔绘制建筑的木质窗户、柱子、栏杆的颜色。

(8) 用GG3号（ ）马克笔绘制墙面、石块与石桥的暗部颜色，注意亮部关系的留白。

(9) 用147号（ ）、172号（ ）、167号（ ）和175号（ ）马克笔绘制植物的第一层颜色。

（10）继续用 42 号（ ）、84 号（ ）和 56 号（ ）马克笔加重植物暗部的颜色，以增强植物的体积感；用 34 号（ ）马克笔丰富远景植物亮部的颜色，注意对马克笔点笔笔触的运用。

（11）用 68 号（ ）马克笔绘制水面的第一层颜色，用 454 号（ ）彩色铅笔丰富水面的颜色，继续用 454 号（ ）彩色铅笔绘制天空的颜色，注意彩色铅笔的笔触；调整画面，完成绘制。

8.2 国外建筑

8.2.1 古希腊建筑

古代希腊是欧洲文化的发源地，古希腊建筑是欧洲建筑的先河。古希腊建筑的结构属梁柱体系，早期的主要建筑都用石料。石柱由鼓状砌块垒叠而成，砌块之间有榫卯或金属销子连接。墙体也用石块砌垒而成，砌块平整精细，砌缝严密，不用胶结材料。虽然古希腊建筑形式变化较少，内部空间封闭简单，但后世许多流派的建筑师都从古希腊建筑中得到借鉴。

【绘制要点】

- 要把握古希腊建筑的结构特征，掌握画面整体的透视关系，注意画面中前后物体之间穿插的关系等。
- 整体比例关系要准确，画面的色调要和谐统一。
- 学会利用留白形式完善画面的构图，丰富画面的内容，并加强画面的空间层次感。

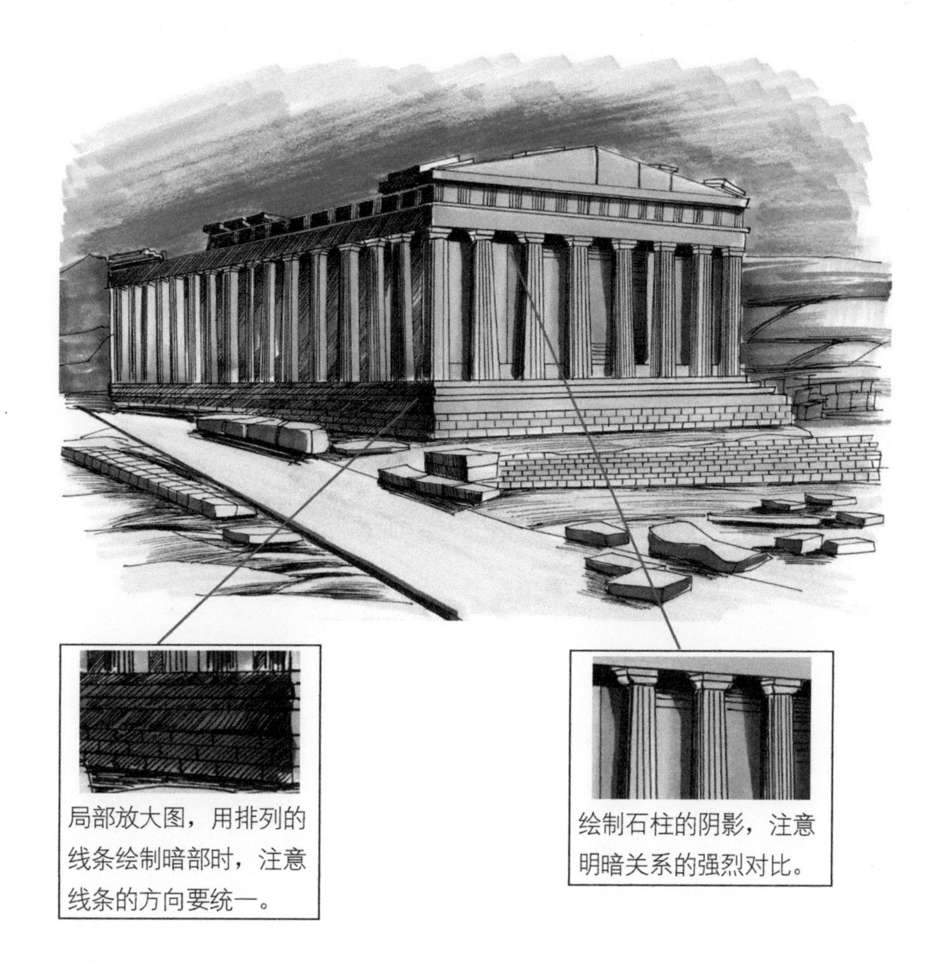

【绘制步骤】

（1）用铅笔绘制出建筑大概的外形轮廓，确定画面的构图与透视关系。

（2）用铅笔继续刻画建筑的结构细节，注意表现出建筑的立体感。

（3）在铅笔稿的基础上，用勾线笔绘制出建筑准确的结构线，注意用线要流畅、肯定。

（4）用橡皮擦去画面中多余的铅笔线，保持画面的整洁。

(5) 继续用勾线笔刻画画面的结构细节，用排列的线条绘制建筑的暗部，以增强画面的空间立体感，注意线条的排列方向与疏密关系的表现。

(6) 用 34 号（　）、139 号（　）马克笔绘制画面亮部的第一层颜色。

（7）用 WG4 号（ ）马克笔绘制建筑暗部的颜色，可以采用马克笔平涂的笔触。

（8）用 WG6 号（ ）马克笔加重画面建筑、石块暗部的颜色。

（9）用175号（ ）、42号（ ）马克笔绘制背景颜色，注意马克笔的笔触变化。

（10）用76号（ ）马克笔绘制天空的第一层颜色，再用451号（ ）彩色铅笔丰富天空的颜色，注意颜色的渐变与过渡；调整画面，完成绘制。

8.2.2 罗马式建筑

罗马式建筑是 10 ～ 12 世纪欧洲基督教流行地区的一种建筑风格。罗马式建筑原意为罗马建筑风格的建筑，又译作罗马风建筑、罗曼建筑、似罗马建筑等。罗马式建筑风格多见于修道院和教堂，是 10 世纪晚期到 12 世纪初欧洲的建筑风格，因采用古罗马式的尖券、拱而得名。多见于修道院和教堂，给人以雄浑庄重的印象，对后来的哥特式建筑影响很大。

【绘制要点】

- 要把握罗马式建筑的结构特征，掌握画面整体的透视关系，注意画面中前后物体之间穿插的关系等。
- 整体比例关系要准确，画面的色调要和谐统一。
- 学会利用留白形式完善画面的构图，丰富画面的内容，并加强画面的空间层次感。

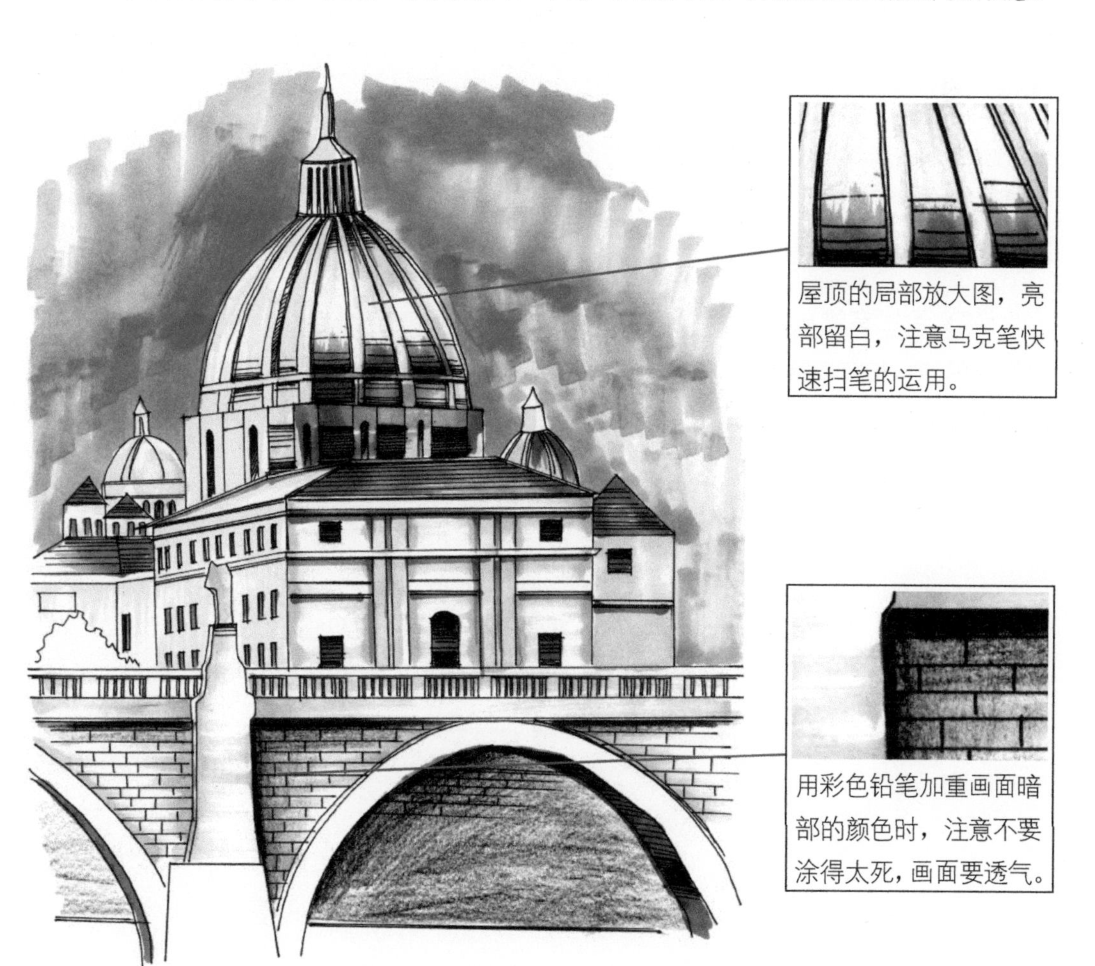

【绘制步骤】

（1）用铅笔绘制出建筑大体的外形轮廓线，确定画面的构图。

（2）用铅笔进一步刻画建筑的结构细节，丰富画面的内容。

（3）在铅笔稿的基础上，用勾线笔绘制建筑主体的结构线，注意用线要流畅、肯定。

（4）用橡皮擦去画面中多余的铅笔线，保持画面的整洁。

（5）用勾线笔进一步绘制建筑的细节结构，再用排列的线条绘制画面的暗部，确定画面的明暗关系。

（6）用GG3号（ ）、145号（ ）马克笔绘制建筑暗部的第一层颜色。

（7）用38号（ ）马克笔绘制建筑亮部的颜色，再用GG5号（ ）绘制建筑的屋顶一窗户暗部的颜色。

（8）用GG5号（ ）马克笔与499号（ ）彩色铅笔压重画面暗部的颜色。

（9）用75号（ ）、145号（ ）、76号（ ）马克笔与451号（ ）彩色铅笔绘制背景天空的颜色，以增强画面的空间层次感；整体调整画面，完成绘制。

8.2.3 哥特式建筑

哥特式建筑或译作歌德式建筑，是一种兴盛于中世纪高峰与末期的建筑风格。它由罗曼式建筑发展而来，为文艺复兴建筑所继承。发源于12世纪的法国，持续至16世纪，哥特式建筑在当代普遍被称作“法国式”，“歌德式”一词则于文艺复兴后期出现，带有贬义。歌德式建筑的特色包括尖形拱门、肋状拱顶与飞拱。

【绘制要点】

- 要把握哥特式建筑的结构特征，掌握画面整体的透视关系，注意画面中前后物体之间穿插的关系等。
- 整体比例关系要准确，画面的色调要和谐统一。
- 学会完善画面的构图，丰富画面的内容，并加强画面的空间层次感。

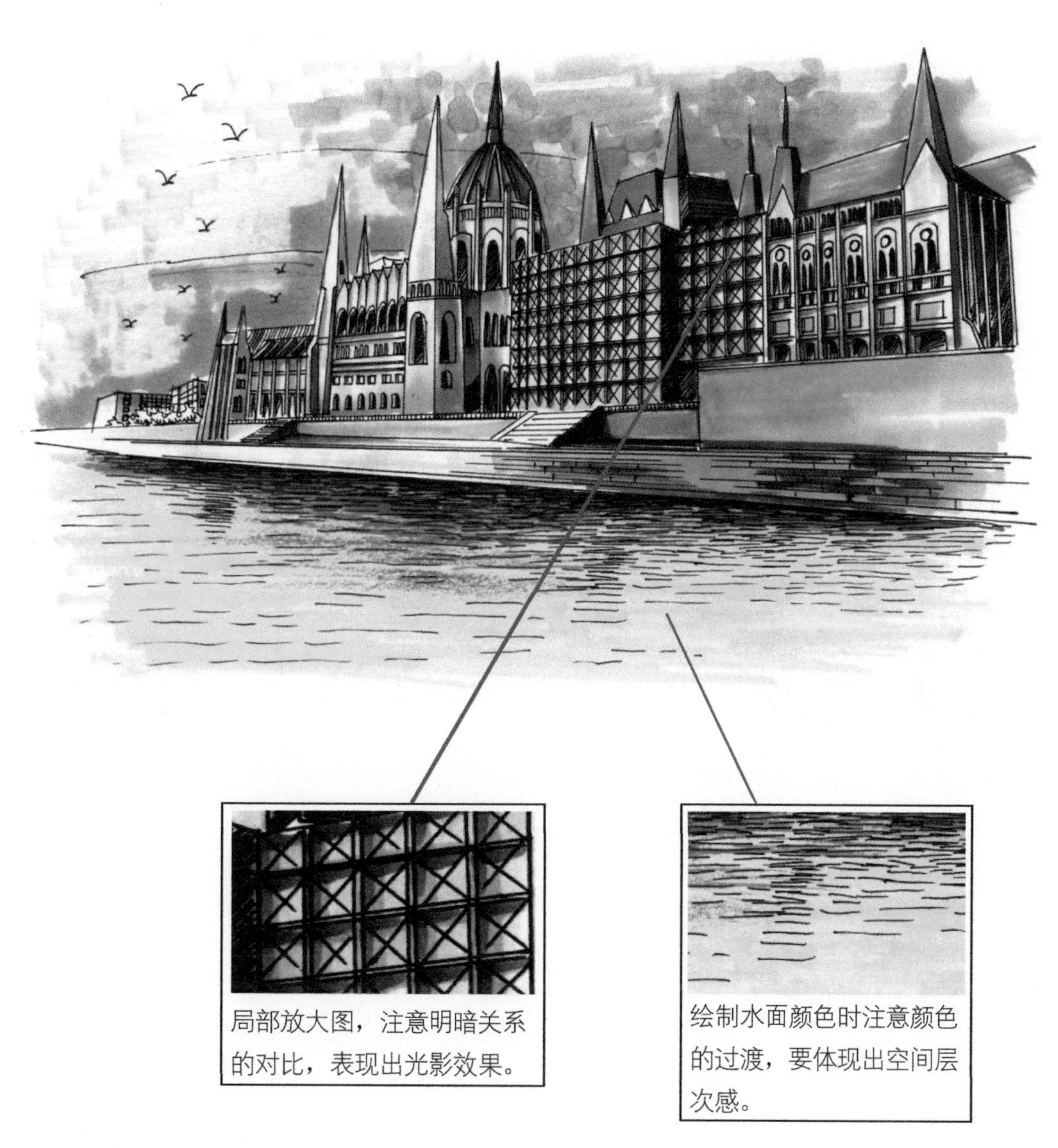

【绘制步骤】

（1）用铅笔绘制出建筑大体的外形轮廓线，确定画面的构图与透视关系。

（2）用铅笔进一步刻画建筑的结构细节，表现出建筑的结构特征，丰富画面的内容。

（3）在铅笔稿的基础上，用勾线笔绘制建筑主体的结构线，注意用线要流畅、肯定。

（4）用橡皮擦去画面中多余的铅笔线，保持画面的整洁。

（5）用勾线笔进一步绘制建筑的细节结构，再用排列的线条绘制画面的暗部，确定画面的明暗关系。

（6）继续给画面添加远景天空与水面，注意用轻松随意的抖线绘制水面的纹理，亮部可以采用留白的形式。

（7）用 139 号（ ）、25 号（ ）马克笔绘制建筑的第一层颜色。

（8）用 97 号（ ）马克笔绘制建筑的屋顶第一层颜色，可以采用马克笔平涂的笔触。

（9）用 93 号（ ）马克笔加重建筑屋顶的颜色，再用 WG4 号（ ）马克笔加重建筑墙面暗部的颜色。

（10）用 68 号（ ）马克笔绘制水面的第一层颜色，用 35 号（ ）马克笔绘制水面的亮部，用 147 号（ ）、64 号（ ）马克笔加重水面的暗部，再用 451 号（ ）彩色铅笔丰富水面的颜色。

（11）用76号（ ）、138号（ ）马克笔绘制天空的颜色，注意马克笔笔触的变化。

（12）用136号（ ）、100号（ ）和WG6号（ ）马克笔加重近处堤岸的颜色，整体调整画面，完成绘制。

8.2.4 巴洛克式建筑

巴洛克式建筑是 17 ～ 18 世纪在意大利文艺复兴建筑基础上发展起来的一种建筑和装饰风格。其特点是外形自由，追求动态，喜好富丽的装饰和雕刻、强烈的色彩，常用穿插的曲面和椭圆形空间。

【绘制要点】

- 要把握巴洛克式建筑的结构特征，掌握画面整体的透视关系，注意画面中前后物体之间穿插的关系等。
- 整体比例关系要准确，画面的色调要和谐统一。
- 学会利用留白形式完善画面的构图，丰富画面的内容，并加强画面的空间层次感。

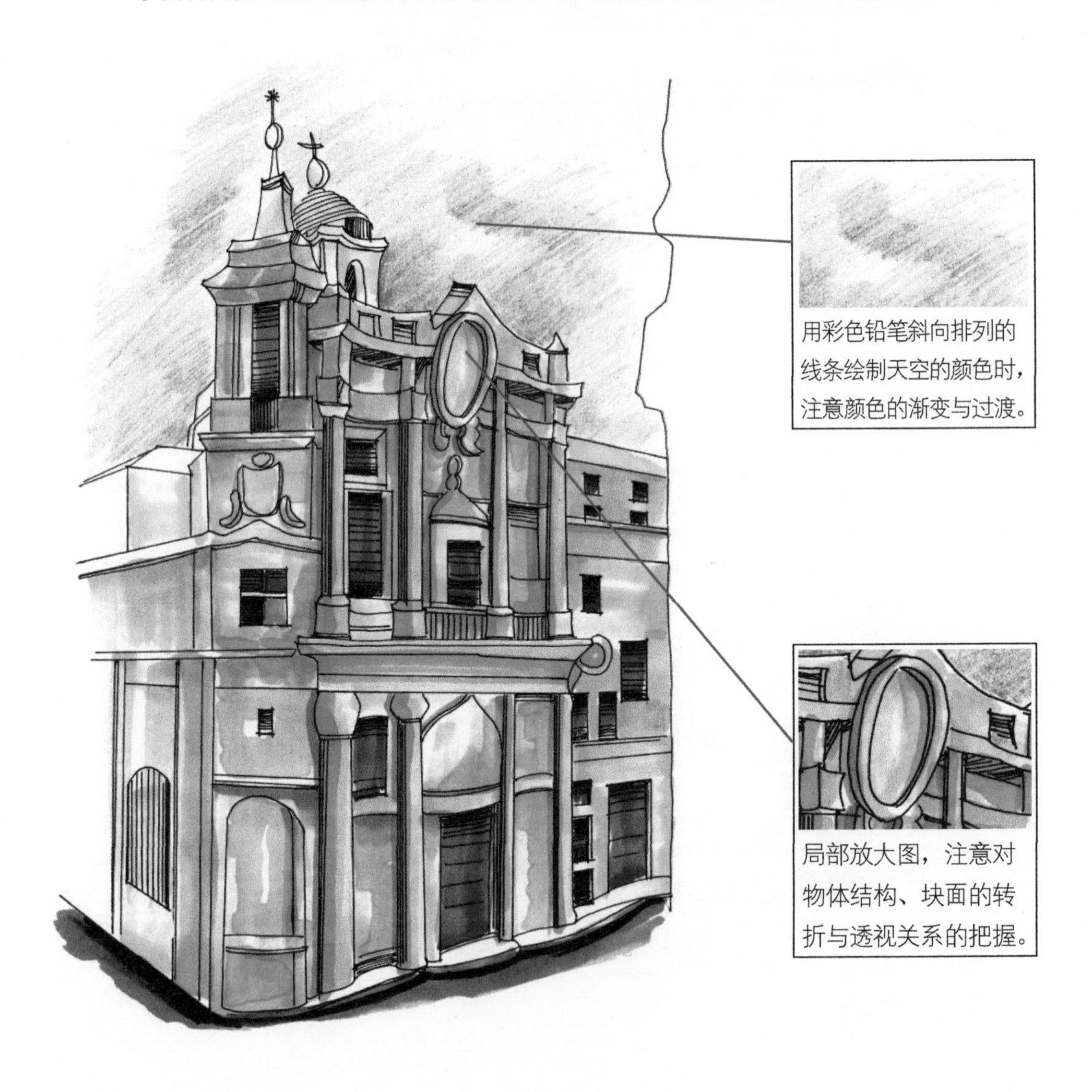

【绘制步骤】

（1）用铅笔绘制出建筑大体的外形轮廓线，确定画面的构图与透视关系。

（2）用铅笔进一步刻画建筑的结构细节，表现出建筑的结构特征，丰富画面的内容。

（3）在铅笔稿的基础上，用勾线笔绘制建筑准确的结构线，注意用线要流畅、肯定。

（4）用橡皮擦去画面中多余的铅笔线，保持画面的整洁。

（5）用勾线笔进一步绘制建筑的细节结构，再用排列的线条绘制画面的暗部，确定画面的明暗关系。

（6）用 139 号（　　）马克笔绘制建筑的第一层颜色，注意马克笔笔触的变化。

（7）用 34 号（ ）马克笔绘制建筑亮部的颜色，再用 138 号（ ）马克笔绘制建筑的第二层颜色。

（8）用 31 号（ ）马克笔绘制柱子的暗部，用 102 号（ ）马克笔绘制门窗的颜色，再用 147 号（ ）马克笔丰富墙面的颜色。

（9）用 75 号（ ）马克笔绘制建筑暗部的墙面，再用 WG4 号（ ）马克笔绘制墙面的阴影。

（10）用 451 号（ ）彩色铅笔绘制天空的颜色，再用 GG5 号（ ）马克笔绘制地面的阴影；整体调整画面，完成绘制。

8.3 课后练习

1. 了解国内外建筑的不同特征。

2. 绘制图片手绘效果图。

前面章节讲解了园林景观设计效果图的综合表现，本章主要是黑白线稿与马克笔上色稿，供读者临摹学习，从而更好地绘制出优秀的效果图。

第9章 作品赏析

▶ **范例一** ◀

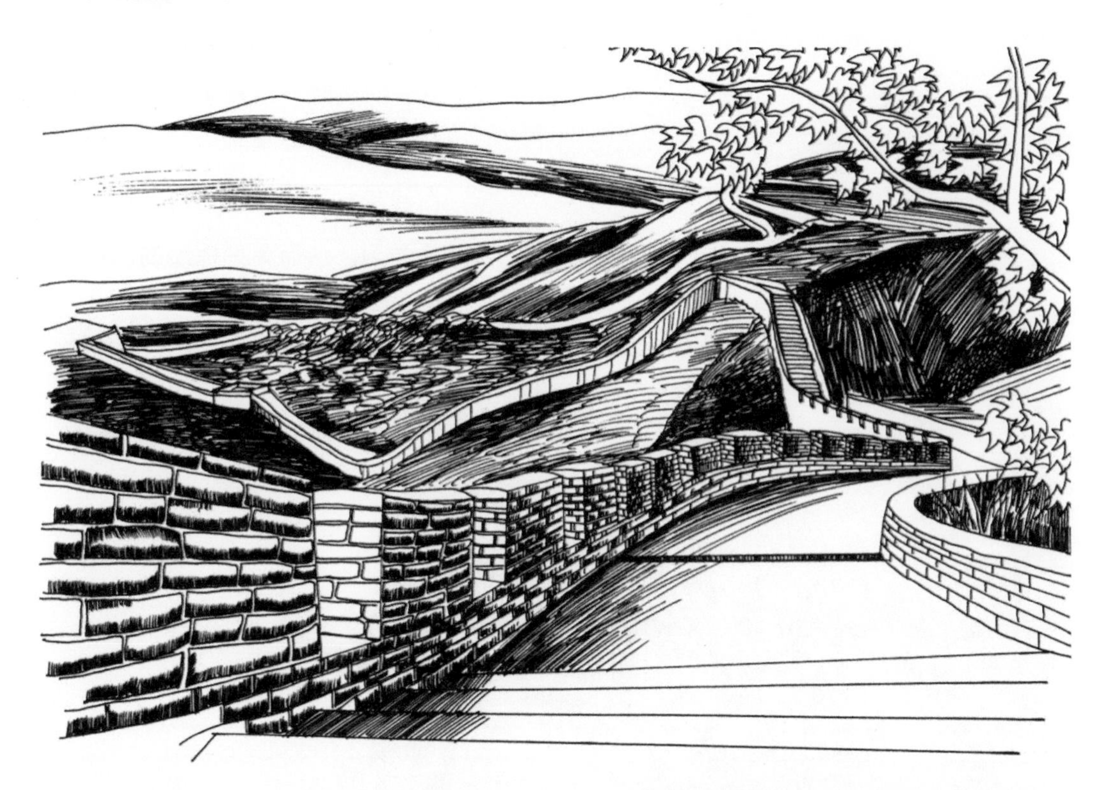

范例二

范例三

▶ 范例四 ◀

▶ 范例五 ◀

▶ 范例六 ◀

▶ 范例七 ◀

▶ 范例八 ◀

▶ 范例九 ◀